U0463795

拖延心理学

—— 改掉自身惰性原来如此简单 ——

马男◎主编

团结出版社
UNITY PRESS

图书在版编目（CIP）数据

拖延心理学：改掉自身惰性原来如此简单 / 马男主编. -- 北京：团结出版社，2019.1（2022.7重印）
ISBN 978-7-5126-6596-5

Ⅰ.①拖… Ⅱ.①马… Ⅲ.①成功心理—通俗读物
Ⅳ.①B848.4-49

中国版本图书馆CIP数据核字（2018）第206835号

出　版：团结出版社
　　　　（北京市东城区东皇城根南街84号　邮编：100006）
电　话：（010）65228880　65244790（出版社）
　　　　（010）65238766　85113874　65133603（发行部）
　　　　（010）65133603（邮购）
网　址：http://www.tjpress.com
E-mail：zb65244790@163.com（出版社）
　　　　fx65133603@163.com（发行部邮购）
经　销：全国新华书店
印　刷：旭辉印务（天津）有限公司

开　本：650毫米×920毫米　16开
印　张：15
字　数：200千字
版　次：2019年1月　第1版
印　次：2022年7月　第2次印刷

书　号：978-7-5126-6596-5
定　价：39.80元

前 言

Preface

"机不可失，时不再来"，这是一个简单明了的道理，相信许多人都会明白，但是有些人总喜欢拖延，他们面对机会时不是马上抓住，而总是犹豫不决，让机会白白溜走。这样的人并非没有梦想，他们每天都在分析、考虑和判断，问题是，一旦做决定时，总是表现得优柔寡断。

拖延的害处很多，几乎每个人都能说出几条，甚至能举出例子，比如：没有按期还款，导致信用卡的利息翻倍；没有按时吃药，导致疾病久久不能痊愈；拖延了计划好的全家旅行，孩子们开始对你抱怨……这样的事情真是太多了。可是你为什么还在拖延呢？

可能你的潜意识里依然认为拖延对你有好处，或者你有一个很好的理由才会拖延，不用完成那些并不十分想做的事。对任何可能出现的问题，你都有一个貌似很合理的借口，然而拖延依然是一个让你受伤害的处理问题的方式。

比如有个学生，因为期末考试来临，而他并没有充分地做好复习准备，考试前一周他患上了感冒，他拖延治疗，直到考试时，他的感冒还没有痊愈，于是他借故不参加考试，而是打算补考。他有一个很好的理由，"我在生病，不能参加考试"。这种行为就是心理学上常说的自我束缚，说得简单些，就是给应该做的事设置障碍，阻止自己完成任务。这种情形常常发生在人们对自己要做的事情没有信心的情况下，他们害怕失败，因此急着在前进的道路上设置障碍，如果事情的结果确实不太理想，他们就有了为自己申辩的理由。久而久之这种处理方式会限制他们的个人发展。

有些人错误地认为手头的事情如果晚些开始，就能更好地完成。如果你早上不想去超市买菜，你为自己找了很好的理由说：晚上去买，价格会更便宜。有些超市确实如此，超市的工作人员不想把蔬菜放到第二天，而是在当晚降价处理。事实也的确是如此，可是等你傍晚真的到了超市，就会发现你喜欢吃的那些蔬菜只是被挑剩下的，而且都是不新鲜的，你根本没有选择的余地了。你为自己找的拖延的理由不过是一个靠不住的借口而已。

一些自我设置障碍的行为，确实能很好地充当你失败或表现欠佳的理由，可是这样一来，你也失去了当下解决问题的机会，久而久之，你就会束缚自己。

本书从"认识拖延""拖延成因""负面效应""优化时间""立即执行""自控法则"等十个章节剖析拖延，并告诉读者如何战胜拖延。我们在工作和生活中应该做到拒绝拖延，"做了再说"。当有了好的想法时，就应该马上去做。只有付诸行动，才有机会获得成功。当我们做某件事时，就要用积极的态度去行动。不踌躇、不拖延，与其蹉跎岁月还不如大胆地去尝试，以积极的态度去行动。去做虽不等于成功在握，但是如果不去尝试或根本不去做的话就意味着没有任何成功的可能。

目 录

Contents

第一章　认识拖延：
从本质进行剖析

什么是拖延 ………………………………………… 002

早期教育的深刻影响 ……………………………… 004

拖延是怎样发生的 ………………………………… 007

拖延症有哪些具体表现 …………………………… 010

导致拖延的心理因素 ……………………………… 014

终结拖延症需要行动与调节 ……………………… 018

先接纳自己再克服拖延 …………………………… 022

第二章　拖延成因：
你是否被它们"绑架"

信心不足导致的逃避型拖延 …………………… 026

害怕失败导致拖延 …………………………………… 028

厌烦心理引发的拖延 ……………………………… 032

因恐惧未知，将乐趣拖延 ………………………… 035

因反抗情绪引发的拖延 …………………………… 038

先天注意力缺失引发的拖延 ……………………… 040

拿不定主意也是拖延 ……………………………… 043

强迫症引发的拖延 ………………………………… 046

第三章　负面效应：
认清拖延带来的危害

拖延让你总是沉溺在悲观的情绪之中 …………… 050

心灵有了破窗，拖延便会趁虚而入 ……………… 054

拖延症患者常认为"我本来就不行" …………… 057

拖延成性，拿什么来拯救生命的激情 …………… 061

拥有明确的目标和价值观 ………………………… 065

不思进取而满足现状 ……………………………… 068

第四章　自我超限：
其实你不需要向完美低头

你的缺点就是太过完美主义 …………………………… 074

什么样的完美主义者会拖延 …………………………… 078

是什么信念让完美主义者拖延 ………………………… 080

"被完美"的小孩都是完美主义的牺牲品 ……………… 083

残缺也是一种美 ………………………………………… 087

完成比完美更重要 ……………………………………… 091

第五章　增强紧迫感：
告别拖延从抗击思维惰性开始

小心潜伏在你大脑里的懒惰因子 ……………………… 096

戒掉懒惰，努力才能成功 ……………………………… 100

调整期望，为自己设定一个期限 ……………………… 103

走出思维的舒适区 ……………………………………… 107

掌控积极的思维与信念 ………………………………… 113

快速决定，不要思虑太多 ……………………………… 115

第六章　优化时间：
用高效对抗拖延

拖延者必须学会时间管理 ……………………………………… 122

生命中的每一分钟你都浪费不起 ……………………………… 125

活用零碎时间 …………………………………………………… 128

"80/20 时间管理法"让你的时间增值 ………………………… 132

有效利用等待的时间 …………………………………………… 135

在规定的时间内"复命" ……………………………………… 137

拒绝拖延，给工作时间确定下限 ……………………………… 140

第七章　立即执行：
不给拖延任何机会

拖延会使你的热情蒸发 ………………………………………… 146

立即行动，将执行进行到底 …………………………………… 149

如果执行不到位，不如不执行 ………………………………… 152

培养竞争意识，不再拖延自己的工作 ………………………… 155

抓住重点，一击即中 …………………………………………… 158

面对任务，你的第一反应是服从 ……………………………… 161

速度决定执行效果，一分钟也不拖延 ………………………… 164

第八章　自控法则：
先管控自己再解决拖延

拖延是自控力差的表现 …………………………………………… 170

不为拖延找借口 …………………………………………………… 173

适当关闭手机，切断干扰源 ……………………………………… 175

在巨大诱惑面前，更要提高警惕 ………………………………… 179

将怨气付诸实际行动 ……………………………………………… 183

拒绝没必要的事情 ………………………………………………… 186

想到，就要去做到 ………………………………………………… 189

第九章　学无止境：
克服学习中的拖延

在学习方面，你拖延了吗 ………………………………………… 194

制订切实可行的学习计划，克服自学拖延 ……………………… 197

借助外力，攻克自己不擅长的科目 ……………………………… 200

正确对待难题，避免半途而废 …………………………………… 202

克服考试、面试拖延 ……………………………………………… 204

帮助学业拖延者克服"写作障碍" ……………………………… 206

给学业拖延者的几点建议 ………………………………………… 209

第十章　智慧生活：
克服生活中的拖延

制订计划打败拖延 …………………………………… 214

在生活小事上克服拖延 ……………………………… 217

及时清理家中的杂物 ………………………………… 219

按时做家务，绝不拖延 ……………………………… 221

克服储蓄拖延，想办法存钱 ………………………… 224

按时缴费、还款 ……………………………………… 227

计划一次旅行，不要嫌麻烦 ………………………… 229

第一章　认识拖延：
从本质进行剖析

　　生活中，拖延是一种普遍存在的现象，大部分的人认为自己偶尔会拖延，甚至有部分人认为自己的拖延是常态。实际上，拖延会对人们的身心健康造成严重的影响，比如，会导致个人自责、产生负罪感，不断地自我否定、贬低，还会导致焦虑症、抑郁症等心理疾病。

什么是拖延

早在 16 世纪，英文中就出现了"拖延"一词，从英文字面的意思理解，它不是一般意义上的"推迟"，而是一种并不符合理性的推迟行为。

现在的拖延行为研究人员将"拖延"解释为：故意推迟展开某项工作或者结束某项工作的时间，并随之产生一些不良情绪。

这个概念看起来简单明了，然而在实际生活中区分拖延和推迟时，我们仍然不免感到困惑。根据研究人员给出的定义，我们知道推迟者对拖延带来糟糕的后果已有预感，但是还是不愿意积极行动。如果有人积极行动，但是在规定的时间内仍然没有完成工作，那么我们认为这并不能算是拖延，他只是推迟了交工的日期。就算他为此也同样产生不良情绪，这样看起来，他的行为跟拖延就更为相似了，可是我们仍然不能认为这就是拖延。

拖延与时间有很大的关联，而推迟也不例外，可是二者仍然不可以相提并论。它们有什么区别呢？我们先举几个简单的例子。

如果你现在手头正在忙碌的工作，并不是你该做的事，而你本该做的工作被你抛在了一边，这种逃避当前任务的行为，就是拖延。比如你晚饭后，本该洗碗，可是你却被电视节目吸引了，这种消极的行为，就是拖延的表现。因为没有干净的碗筷，导致下次做饭时没有足够的餐具，如果第二天依然没有洗碗，估计有些残羹冷炙已经开始发霉了。你明知道这样拖延会带来不大不小的烦恼，可是还是一拖再拖。

如果突然发生了紧急事件，你不得不放下手头的事情，去处理突发的紧急情况，那并不等于是拖延。如果你正在后院修剪花草的时候，发现马路对面的垃圾箱着了火，于是你不得放下园艺，跑去灭火，之后你又回来继续整理花草，那么你当下的任务仅仅是被推迟了而已。有些事也并非在你的能力范围之内，那么这样的事情如果导致你推迟了行动，也不算是拖延。譬如，你答应同事帮她审阅文件，而你恰恰第二天感冒发烧了，你不得不推迟这件事情，当然不能被划为拖延一列，而你的同事必然也会对你表示理解。

我们把拖延和推迟做了对比，为的是更清楚地认识拖延行为。也就是说拖延是一种非理性的、自愿的推迟行动的行为，拖延是一种没有理由的延缓，是消极的。而推迟则不然，它有很积极的一面，而且是被动、理性的。

我们在生活中的同一时间，并不是只面对一件事情，工作也是一样。有时候，你可以列出一个长长的任务清单，而先做哪件事是靠你自己来排序的，因此造成拖延的并不是推迟的行为，而是你自己的选择。当你不愿意选择本该做的事情，而选择做其他事情时，就造成了对当下任务的拖延。如果想完成任务，推迟或者拖延都不是上策。如果不洗衣服，那就没有干净的衣服穿；如果不按期还款，银行就会降低你的信用。虽然拖延者明明知道拖延会带来这样的后果，然而他们仍然选择了不洗衣服和推迟还款，之后，他们不得不承受自愿拖延之后产生的焦虑情绪，比如烦躁和不安。拖延者非常清楚这种行为不可取，但是他们的习惯仍然会持续，直至他们周围的人都开始对他们有意见。

几乎每个人都会受到拖延的诱惑。它随时随地有可能在任何人身上发生。当我们推迟某件事，并为此感到担忧和恐惧的时候，毫无疑问，拖延侵入了我们的生活。我们必须克服它，虽然它无处不在，但并非不能改变。

早期教育的深刻影响

回忆一下，在你的幼年时期，是否有过以下经历。妈妈做任何事都是匆匆忙忙的。有时候，她好不容易带你去逛一次商场，你还没有来得及仔细欣赏一下那些让人眼花缭乱的商品，她便急匆匆地拉着你离开了。你心里抱怨，为什么不能再多待一会儿，为什么一定要这么着急呢？有时候，你跟着父亲到餐厅吃饭，你悠闲地品尝着美食，却被他严厉地警告："快点吃！别的小朋友都那么快，就你这么慢，吃完我还要去办事，快点！"于是，你心中的不满再次出现。

在孩子的头脑中，父母大多数时候都在催促自己快点做作业、快点睡觉、快点吃饭、快点回家、快点长大、快点找工作、快点结婚等等。

无数次被大人催促后，你开始在心中暗暗发誓，你不要这么快，你要慢下来，你做任何事都不要像大人一样着急。于是，你性格中的叛逆成分越来越多，尤其表现在是快速行动还是磨磨蹭蹭上。如果你的父母刚好是性子特别急的那一类，因为你曾经对此深恶痛绝，所以你一定要跟父母不一样。慢慢地，叛逆让你养成了拖延的习惯。在你的内心深处，不管拖延的后果有多严重，只要做到跟父母不一样，你都可以不计较。

这其实是你对控制倾向的反抗。你希望以自己的方式来控制自己的行为。当你用拖延表达了自己对父母权力的不满和反抗，父母又拿你没办法时，你会有一种前所未有的满足感，仿佛只有拖着父母的那些命令不做，你才是自己的主人。

最典型的情况就是，有一类年轻人，父母逼得越紧，他们越缺乏与异性交往的兴趣；父母等着抱孙子急得要命，他们却一直拖着不找对象。而假如有一天，父母对他们带回家的"心上人"强烈反对，他们反倒坚定了那颗"一万年不变"的心。

还一种情况是，你身边有一个优秀得近乎完美的兄弟（姐妹）。他（她）在你的童年生活中占有非常重要的地位。他（她）几乎做任何事都会得到父母的夸奖，而你似乎做任何事，都不会被太多人注意。但非常不公平的是，不管你做得多好，父母都看不到，而只要你做错了，或者做得不够好，家长就会马上拿你和他（她）做对比，然后说："哎呀，你为什么总是这么笨呢！"

其实，你非常渴望成为父母眼中那个优秀的孩子。于是，你希望自己做出的任何一件事、任何一个决定，都像父母期望的那样完美。同时，你也非常害怕失败。因为一旦失败，就意味着要再一次被父母拿来做对比，被兄弟姐妹嘲笑。

压力就像小山一样压在你的身上。以往的经验告诉你，你不可能比那个优秀的孩子做得更好。如果你真的行动了，面临的依旧是失败。于是你开始选择拖延，这样，就不用接受新一轮的评判。

小洁是一个自尊心比较强的女孩。但是，她从懂事起就经常听到妈妈不断夸奖比自己大 6 岁的姐姐。随着年龄的增长，小洁渐渐听到了更多来自长辈和邻居对姐姐的肯定和赞许。相反，长辈们很少夸奖小洁。

内心受伤的小洁开始变得叛逆，她开始主张自己挑选衣服，晚上自己睡一张床。她希望通过自己的努力超越姐姐，以便获得父母的肯定和表扬。但是，每当小洁穿着自己挑选的衣服出现在家人面前时，就会引来妈妈和姐姐的一阵嘲笑。她想向父母证明，自己也非常优秀，但父母的态度让她时刻感到压力。于是，她走向了完美主义者的阵营，同时做事又开始变得拖延。比如，每次妈妈要求她自己挑选一条裙子时，她总是犹豫不定，反复比较，最后又非常懊恼地认为每件衣服都不合自己的意，于是一次次放弃买新衣服的权利。

当姐姐已经换过好几条裙子时，她仍然穿着几年前的旧裙子。她的想法是，要买就买一条完美的、能瞬间超越姐姐的，否则就一条也不买。要买就买最好的，否则就不要。这种非此即彼的处世态度，正是拖延和完美主义者的典型思想。

事实上，小洁没有做到完美，只是一直把事情往后拖而已。

而另一种非常普遍的现象就是，父母在情感上对孩子表现得过于依赖。父母给孩子传输这样的观念："我是爱你的，我为你付出了所有，付出了一生。如果你离开了我，背叛了我，将会受到上帝的谴责和惩罚。"

于是，在这种家庭中长大的孩子，会对家庭中的其他成员给予更多照顾。同时，他们会为了家人，而把学习或工作的事情延后。如果家庭成员有需要，他们立即就会做出以家人为中心、其他事情都先放下的决定。他们认为，如果他们不把学习和工作往后拖，而置家人于不顾，将会受到父母强烈的谴责。而他们自己也将会有非常强烈的内疚感。

直到有一天，他们长大了，有了更多的朋友，需要长时间地离开家了。但是早期教育已经深深影响了他们的思想。他们害怕更多的人和事介入自己的生活中，因为这样的话，他们就要离家庭更远。如此一来，他们的行为就代表了离开和背叛。为了不让自己"背叛"家庭，他们开始把很多应该做的事拖后。这样，他们就可以回到家庭中，内心也无须再忍受之前那样的煎熬。

不管你是在哪种早期教育下长大的孩子，只要你患上了拖延症，就一定有教育的原因在里面。如果在以上三种情况中，你找不到符合自己的那一种，则说明你的情况比较特殊。不过没关系，拖延症显然有早期教育的深刻影响，但是只要你意志坚定，足够用心，足够努力，克服拖延症是没有问题的。

拖延是怎样发生的

拖延对人的心理影响是痛苦的，这是拖延者除了要面对拖延带来的客观影响之外的最大的痛苦，这种痛苦是看不见的。如果用心体会拖延的整个过程中的每一次心理变化，无疑会增强我们克服拖延的决心。

从开始拖延时的自我安慰，经过期限临近的焦虑，然后是品尝拖延的恶果带来的后悔和惭愧。让我们讲述一个案例，跟主人公一起体会整个心理过程吧。

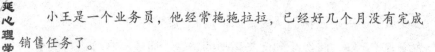
小王是一个业务员，他经常拖拖拉拉，已经好几个月没有完成销售任务了。

心理变化第一阶段：十分自信，满怀希望。

小王看着这个月下达的销售任务想："我不能总是这样，这次我一定要积极工作。"因为前几个月没有完成销售任务，他只能看着奖金跟自己说"拜拜"，为此他为自己制订了一个完美的销售计划，只要能把这个计划执行下去，就能让自己的销售排名靠前，这根本不费力气。这个月才刚开始，还可以轻松几天，只要到时候把这个计划完成，事情就会像他计划的那样圆满。

心理变化第二阶段：时间过得真快。

小王坐在办公桌旁，突然发现日历已经翻过好几天了，今天已经11号了。"天哪，日子过得实在是太快了，我还什么都没做呢。"他赶紧去翻找那份完美的计划表，发现他一件事也没做，他有些紧张，真是太让人着急了，可是在月初的几天他连铺垫都没有做，要想完成任务谈何容易呢？不过好在还有20天时间，只要他行动起来就可以了。最初的信心现在变成了紧张的情绪。他想自己需要去调查一下市场，或者去拜访一下客户，他鼓励自己说："我还有20天，不用紧张，只要我努力就行了！"

心理变化第三阶段：焦虑的开始。

小王拜访了老客户之后回到了办公室。他开始计算自己的收获，这个月客户们会给他带来多少业绩呢？他尽力不让自己想，他本该在月初就做好这项工作，这样他就估算出自己还需要拓展多少新客户资源才能达成销售任务，而现在再去拓展新客户资源的话，他很可能在月底之前完不成任务了。他用统计好的老客户的需求量安慰自己说："看，好歹我也算是有收获了，我已经开始了。虽然迟了一步，但还是有收获的，只要我在努力，完成一半的任务额，还是没问题的，更何况也许不止一半，百分之七八十也是有可能的。"他尽力不去考虑白白浪费的月初，毕竟期限还未到。他也知道自己完不成任务了，虽然他的焦虑在增加，但是他还是没有去拓展新客户。

心理变化第四阶段：崩溃和后悔。

上交业绩报表的日子到了，这时小王之前的乐观和自信全都不见了，取而代之的是后悔与自责。他的完美计划早就被他抛在了脑后，他没有时间再做任何努力了，现在就要统计好销售任务上交，这个月的业绩依然没有完成，而且还会是倒数。他想到大家看销售榜的时候，会用什么样的眼光看他，想到上司也会对他的表现不满，他几乎要崩溃了。"要是再积极一点就好了，我该多花些时间去拓展新客户资源的。"他痛苦地责备自己。他就这么想着，连手头的报表都做不下去了。

心理变化第五阶段：找借口。

"要不是这个月新来的同事太多，让我带着新同事熟悉业务，我本可以完成任务的。要不是销售部的活动太多，我还可以更加专心于本职工作……"小王使劲地回忆这个月中被占去的工作时间，为自己没能完成销售任务找理由。他把自己带着新同事去熟悉生产流程的半天时间扩大化了，就好像整个月都在带新同事一样。最后，他突然发现这个月是销售的淡季，然后觉得大环境才是他没完成任务的主要原因，而根本不是因为自己一拖再拖的缘故。

心理变化第六阶段：逃避和渴望。

整整一天，小王都在懊悔和找借口，终于下班了。他想找朋友们一起吃晚饭，这样可以聊聊天，可以出去放松一下，唱唱歌也好啊。他只想让自己换换心情，让自己高兴一下，把那些不开心的事情忘掉。结果朋友跟他吃饭的时候，他也没能摆脱糟糕的心情，那

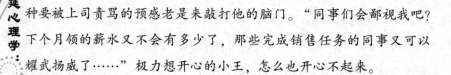

种要被上司责骂的预感老是来敲打他的脑门。"同事们会鄙视我吧？下个月领的薪水又不会有多少了，那些完成销售任务的同事又可以耀武扬威了……"极力想开心的小王，怎么也开心不起来。

　　小王所经受的心理煎熬在每个拖延者身上都曾出现过。在做一件事情的时候，我们往往开始的时候很有信心，在这个时候仿佛美好的未来唾手可得，任由时间悄悄流逝，也不会采取任何行动，仿佛时间还有的是。而到了中途，我们发现最好时光已经悄悄溜走，而一边匆忙行动的时候，后悔和自责开始悄悄滋生，可我们并没有完全投入到行动之中，而是得过且过，即使付出了一些行动，也是在应付。时间过去大半，借口不断地跳出来，尽管万分后悔却又不敢正视自己的行为，企图逃避。这样一来，原来的美好愿景全都化为泡影。最后怎么也摆脱不了拖延之后内心的自责。

　　回忆一下自己因拖延而产生的痛苦和煎熬，当面临一个工作任务或生活计划时，当你用心体会那种心情时，你会对拖延深恶痛绝，因为那种心情实在太折磨人了。

拖延症有哪些具体表现

　　没有时间写工作报告却有时间逛街，没时间看书却有时间玩手机，没有时间给客户打电话却有时间跟朋友煲电话粥……生活中，总是有很多琐碎的事情让人难以将精力集中到正事上。尽管有人说："拖延是很正常的行为。"不过，拖延毕竟应该有个尺度。若任其发展不加控制，拖延症可以让一个上班族失去工作、让一个学生无法通过毕业考试。

拖延症的表现并不完全是懒惰，尽管拖延症患者对做"正事"没有兴趣，但他们乐于打扫卫生、逛街购物，他们只是不愿意坐在电脑面前写工作企划案。当然，这样一些人也会做不愿意做的事情，那是因为他们可以从中减轻一些压力。

拖延症，一种病态的拖延行为，已经逐渐成为现代人的通病。现代社会是一个自己不断制造内容同时不断浏览评论别人制造内容的网络时代，人们在文档、微信、网页、微博之间快速切换，慢慢迷失了自我。每个人同时做很多事情，在这个过程中却不停地被干扰，然后又不得不无休止地解决这些干扰。所以，一件本来可以在短时间内完成的事情就这样一直在拖沓中浪费了很多时间。

如果你一连几个月在每天结束时记录自己的工作时间长度，你就会发现一个惊人的事实：想象中的工作量比现实中的要大。或许你估计自己每个星期平均须工作36个小时，但实际记录上只有约23个小时。

王大爷是一位农夫，某天早上起来他告诉妻子自己要去耕田。当他走到田间的时候，却发现牛还没吃草，于是他便背着背篓上山，准备给牛割草，但走到庄稼地里，却发现地里草很茂盛，把菜都淹没了，他才想起上周就打算来除草。于是，他又开始为庄稼地除草，这时他想起牛还被拴在田埂边，于是，他又扔下镰刀和背篓，赶紧把牛牵回牛棚……而这时已经是中午了，妻子煮好了饭等他回家吃。他一边吃饭，一边思考着：我下午到底去干什么活儿呢？

王大爷忙忙碌碌一上午，结果田没耕、牛没喂、草也没割，到了晌午，什么也没做成。王大爷的故事体现了一种拖延心理：可能在某些时候，人们不是在逃避问题，而是分散了注意力。当他们做这件事时，总会盯着那件事，他们看起来总是很忙，但最后也只能像王大爷一样，忙忙碌碌半天，结果一件事也没完成。

有一个有趣的现象：那些工作时间多的人并不一定工作能力强。真实情况恰恰相反。虽然他们经常坐在电脑前，但工作并没有太大进展，他们会在一开始就很乐观地想象已经完成的事情：办公桌打扫干净了，垃圾桶也清理了。然后他们就开始为自己的拖延寻找借口：对下一步的工作感到恐惧——对工作报告害怕还是做 PPT 更害怕？或者最终选择看网页？还是由于缺乏兴趣而没办法集中精力工作？

当然，一个人在拖延过程中还是会有意识或无意识地进行思想斗争，挣扎着到底去做还是休息，这或许是为了保护自我价值观不被损害。比如，对于颇有难度的工作，如果花 3 天时间去完成，那可能效果会不尽如人意；如果花一周时间去完成，结果可能不会太糟，但时间上会比较拥挤。

杨珊在生活中有拖拖拉拉的习惯，在工作压力下，她一下班回家就马上以"葛优瘫"的姿势躺在沙发上，明明决定要做的事情不去做，反而拿起手机翻看着微信朋友圈，最后到了睡觉时间了，才发现下班后什么事情都没有做成。

如果问她为什么做事拖拉，杨珊一定会回答："事情太多了，生活和工作的压力太大了。"

现代社会竞争激烈，一个人如果不想被这个社会淘汰，就要给自己制定一个比较高的标准，这样才能应对繁复的工作和生活带来的压力。而实际情况是，当一个接一个的问题出现时，人们就会下意识地选择逃避，就会不自觉地拖延。

通常拖延症患者存在这样的心理：自卑，由于每次完成任务都达不到自己最高的预期，对自我能力的评估会越来越低；瞎忙，很多事情拖着没做，是由于自己总是处于很忙的境地；个性顽固，旁边的人催促也没有用，自己准备好了自然就会开始做；不自觉地控制别人，旁人再着急也没用，所有事都要等自己到了才能开始；对抗压力，因为每天压力很大，所以要做的事情一直被拖着；以受害者心态，不知道为什么自己会这样，别人能做的自己却做不到。

那么，拖延症有什么具体表现呢？

1. 拖延已成为生活的方式

对长期拖延的人而言，拖延已成为生活的方式，尽管不愿如此，但这种状态充斥着日常生活。不能按时上班，不能好好工作，直到最后时刻才努力加班。他们并没有把拖延现象当成非常严重的问题，这其实是一个自我调节的问题。

2. 源于心态

法拉利说："要一个拖拉的人做一个有计划的人，就像让一个长期消沉的人马上振奋起来一样难。"拖延并非时间管理或者计划方面的问题，拖延并不因个人对时间的估计能力而不同，尽管这些人比较乐观一些。

3. 拖沓容易受人影响

当然，拖延并不是天生的。这种特性很容易受身边人的影响，可能源于童年时期严厉的家教，那时，拖延可能是一种反抗的形式。若身边的朋友也宽容这样的拖沓，那么所导致的结果就是养成拖延的习惯，严重不遵守时间，没有时间概念，不把别人的时间当时间。

4. 自我欺骗

有拖延症的人容易对自己撒谎，比如"我更想明年做这件事"，或者"有压力我才能做好这件事"，但事实并非如此。拖延症患者经常误以为时间压力会让他们更有创造力，实际上这只是他们的错觉而已，他们不过是在浪费时间。

5. 喜欢消遣

有拖延症的人会不停地找事情消遣，尤其是自己不需要承诺什么的事。比如看电视、玩游戏、玩手机等，这样的事情是他们调节情绪的一个途径。

6. 拖沓的坏习惯

拖沓给自己带来的损害是巨大的，比如损害身心健康。另外，喜欢拖沓的人更容易患病。拖沓也会影响身边人的情绪，破坏工作中团队的协作。

导致拖延的心理因素

生活中，有很多人都有拖延的毛病。拖延让人身后总堆积一摊子做不完的事。虽然人们没有及时去处理事情，但不代表会将事情忘记。拖着这些事不做，又怕完不成任务交不了差，所以心里总是惦记着。可见，拖延从某种程度上说，能为人的心理带来折磨。那么，到底是哪些原因导致人们产生拖延心理呢？

心理学家在研究拖延时发现，人在行动上拖延是因为受到个人即刻满足的心理影响。即刻满足是指个人在满足自己欲望时，因为对未来很多不确定因素充满疑虑，就倾向于立即满足自己的欲望。例如我们想到公园晨练，但是又想到换衣服、换鞋再乘车到公园来回都是麻烦的事情，所以就会一直拖着不去，先让自己一时的轻松愉悦心理得到满足，然后某一天再付诸行动。因此，很多研究拖延的心理学家认为，个人对于自身欲望满足的及时倾向是导致个人在行动上拖延的原因之一。

1999 年，心理学家里德和洛温斯坦等人做了一项拖延心理的试验。他们召集了一批志愿者，让他们从 24 部电影中选择自己喜欢的3 部。这些电影包括有深度的剧情片《辛德勒的名单》《钢琴家》，大众电影《西雅图不眠夜》《窈窕奶爸》，娱乐电影《变相怪杰》《生死时速》，等等。实验人员想看看这些被试者倾向于娱乐性强的电影还是有深度的电影。结果大部分被试者选择的三部电影中都包含经典影片《辛德勒的名单》。

接下来，实验人员让被试者们在三部电影中选一部立即观看，一部两天后观看，还有一部在四天后观看。经过统计发现，大部分被试者第一天都选择观看娱乐性电影，如《变相怪杰》《生死时速》等。而 71% 的被试者将"最费脑子"的电影放在四天之后观看，如《辛德勒的名单》。实验人员为进一步证实试验结果，又让被试们选择三部影片一次看完，结果与之前选择相比，只有 1/14 的被试者选择了《辛德勒的名单》。

因为《辛德勒的名单》深度与费脑子的程度相比其他影片都比较高，对人们休闲娱乐的欲望满足较小；而《变现怪杰》和《生死时速》娱乐性最强，对人们的休闲娱乐欲望满足最大，所以被试者们为了满足自己即刻的休闲娱乐欲望，就会拖延观看《辛德勒的名单》。

可见人们在行动上拖延，是为了片刻轻松。当然，及时行动确实是消耗体力和脑力的事情，不过我们也不能因为害怕劳累，就放着事情不做，因为拖延到万不得已的一天再去做，肯定会消耗更多精力，还极有可能把事情办砸。所以有些拖延的人在之后会说："因为我拖延，所以才把任务做得很糟糕。如果我早点去做，就能做得很好。"他们这么说意思是将错误归于拖延，却不想自己为何要拖延。

将拖延作为办事不利的借口，而不敢承认自己的能力不足，也是导致行为拖延的一种原因。

为何很多人一到紧要关头就停滞不前，思前想后顾虑重重？例如一个人想要考取职业等级证书，开始还认真地学习两天，到后边就开始放纵自己，说是今天有更重要的事情要做，结果又拖到明天，直到考试也没看几本书，最后以失败告终。其实，这些人就是因为害怕自己能力不够，担心集中一段时间复习并不能将知识补充完整，于是干脆就不给自己机会，用拖延当借口。还有些人一到关键时刻就出问题，例如演出时忘了带服装，开会时忘了带文件，出差时忘了买车票，这都是因为他们担心事情做不好、内心焦虑造成的，因此就给"拖延"找个合适的借口。这种现象被心理学家称为"自我妨碍"。

"自我妨碍"又称自我设限，就是指自己给自己设定阻碍，为摆脱失败需要承担的责任，就给自己设定一些有阻碍的行动和想法，例如拖延。其实他们不是真的想拖着不做，而是因为害怕失败，所以故意拖延事情的进展。

心理学家史蒂文·伯格莱斯和爱德华·琼斯针对自我妨碍导致拖延做了一项试验。试验人员让被试者们解答一些特别难而又无解的题目。等他们做完之后，就把试卷收了起来。接着试验人员告诉这些被试者，其中一人到目前为止取得了最高分，这名被试者听到后非常开心。

然后，试验人员告诉所有被试者，下个任务也需要做一些题目，在做题目之前可以选择两种药中的一种吃下去：一种是"聪明药"，一种是"傻瓜药"。聪明药能促进人的思维，让人更聪明；傻瓜药能抑制人的思维，让人受干扰。按常理来说，人如果想取得好成绩，更希望自己能变聪明一些，但是有些人则不这么想。被试者们选择完毕后，试验人员对选择结果进行了统计，结果发现大部分被试者选择了"傻瓜药"。

其实两种药物均对思维不造成任何影响，试验人员只是想知道人们的想法。因为被试者中的大部分人听到有人已经取得了最高分，认为自己不会超越对方，有了自我妨碍心理。尽管听说有一种药能让自己思维敏捷，但是他们害怕自己仍然失败，所以只好选择"傻瓜药"，拖延行动，以此作为不能取得好成绩的借口。

因此，要想克服拖延，我们应该克服即刻满足心理和自我妨碍心理。

人们大多数时候都希望满足自己的欲望，因而就拖延了某些行动。例如我们想满足自己的娱乐欲、休闲欲、睡眠欲等等，就会把更多的时间用来上网、游玩、睡觉、看电影，而将需要完成的任务放到一旁。如果你在完成某件任务时，能抵制欲望，强迫自己坚持完成重要的事情，时刻提醒自己任务的重要性，就能控制自己向目标前进。

如果你不是被休闲娱乐分了心，而是怕自己不能胜任或担当而拖延，那就要控制自己的自我妨碍心理。不要总把理由归结为时间不充沛，你应该在开始做某件事情之前就告诉自己不要找无谓的借口，一定要认真做完。经常用这样的方式提醒自己，就能帮你摆脱自我妨碍，让你不再拖延。

终结拖延症需要行动与调节

拖延症不是一天两天形成的，在人脑支配行动的过程中，它是一个长时间积累的过程。比如你不能做到早睡早起，你是第一次拖到半夜十二点才上床休息的吗？你是第一次因为起晚了而迟到的吗？当然不是，这个习惯完全有可能伴随了你若干年。因此克服它也不可能一蹴而就。

获得过诺贝尔经济学奖的著名经济学家乔治·阿克洛夫曾经坦陈过自己拖延的经历：有一次他想把一箱衣物从自己目前的居住地印度寄往美国，因为寄衣物需要一个工作日处理，因此他总是把这件事向后拖延，每天早上，他都会对自己说明天一定要把箱子寄出去，可是迟迟没有行动。一天天就这样过去了，一件很简单的事情足足让他拖了8个多月。后来他把自己的经历写进了一篇名为《拖延与顺从》的论文中，这篇论文引起了学术界的关注，很多哲学家、心理学家和经济学家都加入了研究拖延症的热潮。

从乔治·阿克洛夫拖延寄衣物的例子中我们可以看出，拖延者会因为思绪和情感的波动而陷入拖延的怪圈，比如乔治·阿克洛夫想到寄衣物需要一个工作日才能完成，就迟迟不愿付诸行动，导致了执行力受阻，但由于受到理性和意志的驱使，拖延者会反复向自己强调务必要完成该做的事，可是潜在的思绪和情感又阻挠了他们的行动，导致事情一而再、再而三地被耽搁，拖延行为就这样周而复始，拖延者好像永远也走不出拖延的迷宫。

拖延者的心理模式大都具有相似的特征，比如他们总是对自己过去的表现清零，每次都信誓旦旦地对自己说"这次我想早点开始"，下定决心要有条不紊地完成任务，可往往总是三分钟热情，真正执行的时候热情早就消失殆尽了。又如因为拖延把事情搞砸之后，他们都感到无比痛心，后悔没有及时行动，反反复复地对自己说"我应该早点去做"，因为失去了"亡羊补牢"的机会，只能深陷在无休止的叹息和悔恨之中，下次遇到同样的情形，还是不能立即采取行动，因为身中"后悔"之毒的他们变得非常消沉，没有信心也没有动力果断行事。再比如在拖延者口中出现频率最高的一句话是"还有时间"，无论谁催促他们都是这套说辞："急什么，不是还有时间吗?"可是时间并不会因为人意志上的松懈而慢下来，拖拉的结果就是以达不成目的而告终。

为了拖延时间，拖延者会优先去做各种"千奇百怪"的事情：

垃圾桶里只有几片纸屑要清理；在办公室已经喝了好几杯咖啡，下班后回到家还要浪费时间煮咖啡；已经没有什么让自己感兴趣的电影看了，却把看过的电影又重温了一遍，目的在于把赶写工作报告的时间推后……拖延者在拖延时间时创造性十足，他们总能找到一些事情去做，以便延后面对自己不想面对的事情。

蒋小曼是一名行政管理人员，因为精通外语，上司经常把翻译的工作交给她来做。上司对蒋小曼的外语能力很有信心，却料想不到她险些因为拖延症误了大事。在和外商的签约会上，蒋曼迟迟没有露面，在场人员足足多等了半个钟头，蒋小曼才出现，外商代表虽没说什么，公司领导却觉得非常失礼，用不满的眼光盯着蒋小曼，蒋小曼低着头立即把翻译好的 PPT 文件放在桌子上，然后打开投影仪，会议就这样开始了。

在 PPT 演示的过程中，上司突然发现蒋小曼正忙着同步翻译文件，他搞不明白 PPT 文件早在一个星期之前就交给她了，工作竟然拖到现在还没做完，好在她反应机敏，外语功底深厚，赶在会议结束前把文件全部翻译完成了。会后，上司非常气愤，气冲冲地质问蒋小曼一个星期的时间都干什么了。蒋小曼委屈地说，以前交给她翻译的文件不过十多页，用不了多少时间就能翻译完，这次她万万没有想到要翻译的 PPT 文件足有上百页，她昨天晚上一看就傻眼了，熬了一个通宵也没把工作做完……

上司一听，她把工作推到最后一天才开始做更生气了，问她为什么不早点开工。蒋小曼无言以对，在那个本该忙着翻译文件的一个星期里，她做了头发，买了新款的限量包，看了很多无聊的电影，还把玻璃窗擦拭了若干遍……

从本质上来说，拖延症反映了人们固有的意志缺陷，这一点我们无须为自己的行为开脱，但这种缺陷的背后潜藏着复杂和深刻的情绪问题，比如根深蒂固的恐惧、无法挣脱的自我怀疑等，因此我们不能控制自己，在不断的挣扎中反复犯同样的错误。

为了跟顽固的拖延症对抗，有两个步骤必须不断重复，那就是在行动中调节和在调节后继续行动。

行动，就是针对一个目标去实践，体验改变的过程。回顾了拖延带来的糟糕的心情之后，我们可以开始调节自己的行动了。现在从心理层面转到实践上来。在行动方面，为了取得良好的结果，你的想法和意图要经过测试，找到你积极行动并取得良好结果的那一部分，看看你的情绪和观念发生了哪些变化。

调节，就是把自己的认知整合起来，用新的方式思考、感受和行动。在这个环节，高效率的观念和拖延的想法会进行斗争，它们可能同时存在，不断发生冲突，而你的行为就是它们斗争的结果。可以这样说，当你想明天再做的时候，可能立即行动的观念并不肯退缩。

在行动的过程中，你那些脱离实际的想法会一点点地被发现。无论你的觉悟如何高，如果不通过行动来检验，你就不知道自己的拖延程度还有多深，更不知道自己的行动是否变得更有效率了。只有通过行动，才能取得进步。

如果你之前没有针对自己拖延的原因做过分析，也可以从行动这一步直接入手，在行动中逐步发现那些拖延的内在过程，之后开始进入体验改变的行动。在这个时候，你就成了一个改革者，你要不断注意自己的变化。给自己做一个行动的计划，始终贯彻立即行动的理念，用严肃认真的态度看看预期的目标能实现多少。

如果不行动，就像一个没有开过车的驾驶员。就算这个驾驶员学到不少理论知识，但是如果他没有开车上路，那么他不可能是一个好驾驶员，唯有时间才能让一个驾驶员变得优秀。在克服拖延的开始，无论你的脑子里有多少克服拖延的系统方法，没有用行动来检验，你也很难说服自己：你已经高效了。行动和调节能在自我学习和矫正的过程中，让你对自己加深了解，你知道自己的问题会出现在什么地方，逐渐你也能掌握对自己来说最有效的方法。

行动和调节的过程中，最重要的是"立即行动"和"拖延更好"之间的斗争过程，你对自己说了怎样的话，让"立即行动"成为现实，而让"拖延更好"自动退出。如果你听从了"拖延更好"，那么又是什么想法让它占了上风的呢？克服拖延就要从这些地方入手，逐渐敲碎"拖延更好"，而实现"立即行动"。

先接纳自己再克服拖延

接纳就是接受真实的自己，并接受客观事实。对于拖延者来说，往往对自己拖延的现状十分不满，并在拖延的过程中充满了自责和沮丧。不良情绪对改变现状并没有好处，它让人沉浸于糟糕的情绪而推迟行动。

接纳自己似乎很简单，可是我们的脑子里往往会存在一个理想中的自己和现实中的自己，你必须接受那个真正的自己以及当下的情况。比如一个人一直想成为一名好学生，从不旷课，按时写好论文，然而现实是他每周有一半的课没有去上，而论文也是到了最后的期限才草草拼凑而成。他对自己失望透了，悔恨和沮丧始终在内心徘徊，越是想变成那个理想的自己，就越是痛恨现实中拖延的自己。

改变的前提是，你的内心能够接纳自己，这样不良情绪才不能击垮你。比如自责、丧失信心等都是能吞噬一个人的能量的不良因素。一个能够完全接纳自己的人，不会被这些不良情绪困扰。一个人能理性地认识自己，克服自己的不良情绪，就能付诸有效的行动。

当你能接纳自己的时候，你的状态是平稳的。一个人的内心毫无波澜地接受自己，就能更深入地去探索自己的变化和极限，这是非常积极的力量。举个例子来说，如果你对自己并不满意，那么就会导致情绪低落，而不能把全部力量集中于行动。

接纳自己就等于接受理想的自己和现实的自己之间的差距。为此，你需要追问自己一些问题。

第一，你做的事情中，哪些是顺利完成，没有拖延的，你为什么会有那样的状态？而那些被拖延的事情中，你的那些行为或念头是什么样的？无论你是怎么想的，都承认吧！至少要对自己承认。

第二，如果你没有积极行动起来，那么承认"我就是拖延了"。接受现实的自己并不难，只是你总为自己找借口，殊不知正是这些借口阻碍了你的行动。

第三，你生活的环境是变化的吗？是复杂的吗？需要不断调整自己，才能适应这个环境吗？你用一成不变的方法能解决所有你要面对的问题吗？你能用不变的方法处理好你所处的变化的环境吗？

当你能接受自己以后，并不等于万事大吉了，找一件你认为对你有意义的事情，尽力发掘自己的潜力，让改变发生。有人说这个过程相当神奇，这种情况下，你的心与全人类的思想是相通的。不过你只要明白，在做这件事的过程中，不可缺少的一点是坚持，离开坚持，那就什么收获也没有。

在你试图完成这件有意义的事情时，整个努力的过程，你会不断遇到自己曾经有过的心理状态，比如，你可能会发觉自己懈怠了，因为你觉得辛苦，你需要休息。那么，休息也要有个时间段，在你停下来休息的时候，请计划好再次开始的时间，并严格照做。每个人都会疲惫，我们不是机器，干吗不承认自己累了，需要积蓄能量再出发呢？

有时候你想半途而废，把它扔到一边去，因为这件事情太难了，你暂时还不具备那个能力。你完全可以承认自己能力不够啊！我们不是生来就什么都会的。任何能力都是不断锻炼出来的。既然你这样想了，那么你就可以相信再难的事情都可以通过你的努力做到，你可以把它分解成容易操作的小事情，继续努力。比如为了准备教授要求的论文，要经过前期准备阶段各种烦琐的查阅等等，既然论文不是一天能写好的，干吗不像蚂蚁啃骨头一样一点一点地啃呢。只要你尽早行动，每天都把自己能做的做到，时间一长你会发现自己已经前进了一大步。

任何情况之下，都不要轻易否定自己，带着谴责自己的心态上路，这样相当于增加了自己的负重。如果你能接纳真实的自己，那么你就可以把注意力转移到想要做的事情上来，而不是把自己一直束缚在不良情绪中。

第二章 拖延成因：
你是否被它们"绑架"

拖延症是你的人生观、价值观、自我认同的产物，当你的人生观、价值观发生扭曲，产生自我认同障碍时，拖延症就会不期而至。你只有弄清自己被拖延症"绑架"的成因，充分了解自己的心理弱点，才能成功地从拖延症的魔爪中逃脱。

信心不足导致的逃避型拖延

人们总是会时不时地遇到一些让自己产生畏惧和恐慌的事情，比如艰巨的任务，比如对未知的探索。有些人面对这样的情况，会觉得非常刺激，勇于接受挑战。而有些人则顺从自己的畏惧心理，对此进行逃避。其实逃避是人类对于自身畏惧心理的一种自然而然的反应，某些情况下，逃避可以保证人们的生存。但是在日常生活和工作中，并不涉及生存问题，逃避只能让人把事情往后拖。在各种类型的拖延中，逃避型拖延占了很大的比重。

让人产生逃避心理的因素有很多，其中一种是信心不足。

一些人对完成任务的信心不足，总是想逃避任务，他们不制订过高的目标，认为这样就可以少面对那些自己不擅长的事情。那些对考试头疼的孩子，写作业总是拖拖拉拉，他们觉得学习太难了，他们没法沉下心来复习功课。一些需要改善健康状况的人，迟迟不肯运动和调整饮食结构，因为他们没有足够的信心坚持下去。而业绩不好的销售员，也常常害怕跟客户沟通不好，而逃避面对客户。

小李做的是保险销售工作。她刚刚在保险公司入职，第一月里，并没有销售压力。每天听听公司的销售讲座，跟那些老同事一样，看一些推销的书籍，对着镜子喊振奋人心的口号。日子过得很开心。

可是第二个月一开始，业绩压力就向她袭来。早晨上班后，她坐在办公桌前，给目标客户打了两次电话就没信心了，对方不是说正在开会，就是说正在忙呢。她开始对自己的能力感到怀疑，觉得自己没办法说服客户，于是她产生了逃避的想法，只要能不打电话，就尽量拖着不打。

一天的时间很快过去了，小李一个意向客户也没有联系到。

小李对客户冷漠的反应感到恐惧，她没有信心打动客户、拓展业务，只好选择逃避。这样的销售人员怎么可能做出业绩呢。在销售工作中，不知道要被拒绝多少次，才能找到一个意向客户。客户的拒绝是销售工作中需要面对的常见问题，任何一个业务员也无法回避。一些人在最初的拒绝声中丧失了信心，而另一些复原能力非常强的人，会把被拒绝当成平常之事。小李就属于前者，她拖拖拉拉地不肯去主动联系客户，让时间白白地浪费了。

缺乏自信导致的拖延非常常见，很多人放弃努力都与此有关。例如：一些慢性病患者对康复缺少信心，他们接受了身体现状，不再为治愈疾病而努力。一些患上抑郁症的人，做任何事情都没有信心，任何决定都要推迟。

缺乏自信的人选择拖延，他们的动机是将期望值降低。

一些孩子，这次考试考了 60 分，而下一次考试的目标只有 65 分，他们这么做的原因就是对提高成绩缺乏自信。身为销售人员的小李也不会要求自己按照公司的要求完成销售任务。这样一来，他们把拖延变得合情合理了，至少是说服了自己。

缺乏信心而导致拖延并不是突发的，而是逐渐养成的。

例如事例中的小李，如果追究起她从前的生活，必然也有类似

的拖延情况发生。

有些人在成长的过程中受到了家长的严格管制，在艰难的成长中养成了不拖延、不后退的习惯。而另一些人，自身不是很自信，又一再地放任自己，等到逃避型拖延已经养成，自己也感到无奈了。这样的拖延者根本没有宏伟的目标，他们觉得自己只要能做到正常情况的一半就很满意了。他们不会真正地付出努力，只会一直拖下去。

害怕失败导致拖延

害怕失败也是引起拖延的原因之一。已经有很多研究者得出了这方面的结论。

1983 年，加利福尼亚的两名心理学博士经过临床研究得出结论：对失败的恐惧会引起拖延。

1984 年，佛蒙特大学的劳拉·所罗门和艾斯特·罗斯布卢教授发表了一篇文章，他们指出很多学生害怕失败，导致写作、选课等事情的拖延。

1992 年，荷兰额罗宁根大学的一位退休博士也指出，一些学生没能完成学业的主要原因，是因害怕失败而引发的拖延。

2007 年，卡尔加里大学的皮尔斯·斯蒂尔博士经过研究发现，在一定程度上拖延和害怕失败之间是有关联的。他的结论是：害怕失败会让一些人拖延，不作为；而它也会让另一些人变得积极起来，他们不拖延，而是快速行动。

随后的一些研究者，针对导致拖延的恐惧类型进行了研究。一些人是因为害怕辜负了亲人或朋友的期望，而什么也不做；另一些人害怕表现不够出色伤害自尊而逃避做事；还有人认为不会成功，始终不敢行动。

从以上原因看，这类拖延者和信心不足而导致的拖延非常相似，可卡尔顿大学的派切尔教授跟他的同事们针对这种拖延类型做了研究，他们的研究结果证明这种拖延并非完全等同于信心不足引发的拖延。

他们的结论是：这种拖延行为在某些条件下会自动消除。如果一个人认为在某件事情上拥有彻底的自主权，而且外在的条件也能由他控制，即使他的内心也存在对失败的恐惧，但他依然能够行动起来。也就是说人们在认为自己的需求得不到满足的时候，才会拖延起来。

如果你对某些事情并无信心，而且不知道结果怎样，你很可能会把此事搁置一旁，不予理睬。我们可以把它理解为，这种拖延是信心不足和心理上的不满足相叠加的产物。

害怕失败的拖延类型非常好鉴别。如果你有以下的想法，那你多半是这种拖延类型：

"我根本做不好这件事，干吗还要做呢？"

"这事情完全不在我的控制范围之内，做它干吗呢？"

"还是先别做了，万一不成功，怪丢脸的！"

害怕失败而导致的拖延是完全可以克服的。斯蒂尔博士的研究足以证明这一点，他发现对失败的恐惧能引起两种完全相反的行为：一种是拖延，一种是积极行动。那么我们可以让它对人的影响转向积极的一面，积极行动起来，不就是克服了拖延吗！

　　如果你想做出改变，就请相信：你可以做到。之前，在潜意识里，你一方面想着自己不行，一方面又想着自己控制不了局面且跟不上形势的变化，因此你迟迟不能改变自己的行动。你相信命运，相信天命，是因为那些不可改变的因素被你夸大了。也许你曾经有过什么失败，让你也相信了自己能力不足，你觉得面对你的人生，你无能为力，仿佛什么都不是通过你的努力就能得到的，因此，你干脆什么也不做。

　　只要你能在心理上做两点改变，就能克服这种拖延。

　　首先相信自己有控制能力，面对一切变化都能尽力适应；其次是酝酿对成功的渴望。只要你知道自己需要做出改变，并且知道如何改变，那就可以开始为克服拖延而行动了。

　　既然害怕失败会引发拖延，那么要想克服拖延，就要对自己的恐惧心理进行调适，让自己不再害怕面对失败。我们可以从心理和行为两方面来努力。

　　我们要做的是先调适好心理，再开始行动。带着不同于以往的心态开始行动，比单纯强调行动的效果会更好。

　　在战胜对失败的恐惧方面，有三种态度非常重要。

1. 第一次，我不要做到最好，只要能完成就可以了

　　我们接手一份新的工作时，如果想着把它做得尽善尽美，会增加自己的内心的压力。不要在一开始就定下一个完美的目标，免得让自己在压力下缩手缩脚。过于追求完美意味着更多的困难，它要求我们做出更多的努力，这种憧憬会渐渐给我们的心理带来一种恐惧感，削弱我们的信心和干劲。显然，这是一个不利于投入行动的心理状态，因此，我们对自己刚接手的工作不要做太高要求。

2. 办法总比困难多，没有什么能难住我

做事之前考虑周全是好的，这能帮助我们在做事的过程中规避一些问题和风险。但如果对未来无端地忧虑太多，导致裹足不前，就是过犹不及了。

我们对未来做出的推断，并不可能跟现实完全吻合，所以即便在事前就想出了对策，也未必发挥作用。因此完全没必要想得太多，不如乐观一点，相信"车到山前必有路"。

3. 失败了，可经验在

失败是一次改变自己的契机，我们可以把它看作是一次成长的机会。在这次失败的行动中，你做了哪些努力？为什么会失败？直接原因是什么？个人原因有哪些？总结出失败的教训，下次不要再犯。

长时间的努力之后，却迎来一个失败的结果，确实会让人信心受挫。因为失败产生逃避、畏惧的心理也很正常。可是不能在这种心情中沉溺太久。看看自己走的路，也许离成功已经不远了，只要再前进一小步就能实现目标。你需要重新判断一下，是不是要再给自己一次努力的机会。

做好以上的心理调适以后，就可以开始行动了，有两点很重要，务必在行动中贯彻。

1. 说干就干，不拖拉

用最快的速度开始行动非常有利。对于拖延者来说，最困难的是开始行动，而一旦动起来，就可以借机鼓舞自己的士气。不要想等到万事俱备，才开始。对于拖延者来说，等待天时地利就是拒绝

行动的借口。重要的是抛开借口，让自己进入工作状态。一定要养成只要接到任务，就立刻开始行动的好习惯。在第一股热情没有退去的时候，坚持把事情做完。

2. 遇到问题，就求助

很多害怕失败的人都忘记了这条重要原则。他们只考虑了自己的力量，而忘记了向他人求助。没有谁是全能的，懂得求助，才能更好地完成任务。

最不愿意求助的是死要面子的那类人。他们看着时间流逝，也不愿意找人帮忙，仿佛自己做不到这件事情，就很丢脸。找人帮个忙，胜过自己死撑。就算请自己的下属、晚辈、孩子、学生帮忙，都不算丢脸。只要能解决自己的问题，向谁求助并不重要，关键是能让自己渡过难关。

厌烦心理引发的拖延

每个人都有不喜欢做的事，如果你讨厌写论文，你很可能一拖再拖，拖到非交不可的时候，才勉强写了一篇自己都不知道在说什么的论文。在自己讨厌的事情上，人们都很难积极起来，有的人宁可做做家务，也不愿意碰那篇论文。

人在心理享受程度高的时候，做事会比较积极，而心理享受感低时，怎么也不愿意行动起来。你很久才打扫一次家里的卫生，那是因为你太讨厌做家务了。喜欢的事情和讨厌的事情同时摆在眼前，谁都选喜欢的先做。能清闲地陪来拜访的客人聊天，谁还愿意去修剪草坪呢？

一般情况下，谁也不会追着讨厌的事情去做。所有讨人厌的事情都会被一拖再拖，因此很多人会在大扫除、看医生、锻炼等事情上拖延。几乎有70%的人办了健身卡而没有坚持去健身。很多人不喜欢去医院，牙疼了很久，也不肯就医，直到忍无可忍，才去看牙医。

人们讨厌的事情不尽相同。有人讨厌洗衣服，有人讨厌做饭。具体事情的拖延程度也因人而异，有的人家总是在厨房堆放很多没洗的碗筷，有的人家冰箱里老有发霉的食品，而有的人家冰箱里总是缺少食品。

要想判断自己是不是因厌烦情绪而拖延，只要回忆一下自己平时是怎么抱怨这些事情的就行了。你在自己抱怨最多的事情上，拖延了吗？

人们在愉快和有兴趣的事情上十分热衷，可以拿出奋起直追的劲头，在一些不能带来愉悦感的生活琐事上，则一拖再拖。很多有慢性拖延症的人对工作和生活中零零碎碎的责任简直厌烦透了，他们总是抱怨说："这些事情真是烦死人，我不想做。"要是非做不可的话，他们会选择速战速决，草草了事。

如果你认为"工作真让人讨厌"，而且对工作没有热情，那么你完全可能会因为心理享受感很低而拖延工作。你在工作中的拖延行为，基本就该归因于此了。

小刘早在一个月前就该写毕业论文，可她迟迟没有动手。只要有人跟她说起写论文，她就感到厌烦透了。最后期限将至，经过一周的心理斗争之后，她才带着极不情愿的心情，坐在了电脑前，准备利用一天的时间写写论文。可她坐在电脑前，脑子里却一点论文的影子也没有。这可怎么办才好呢？明天就要交作业了啊！她看着标题在文档里敲了一行字，这时候，她的一个朋友开始通过网络跟她聊天，他们互相交换了一些有趣的网页链接之后，小刘就在那些网页之间流连了两个小时。直到午饭时间，小刘才如梦初醒："我不是要写论文吗？怎么就打了一行字呢？"再看看那行字，哦，真是太糟糕了，还不如不写。

午饭后，小刘带着困意又坐到了电脑前，"唉，这样下去是写不完了。还是想想别的办法，凑一篇吧！"接着，她在网上开始搜索相关命题的论文，很快就拼凑了一篇。"太好了，明天可以交作业了！"

小刘讨厌写论文，她根本没心思写，她觉得这是一项没有任何趣味可言的事情，虽然早在一个月前就该动手，可她一直拖到最后期限的前一天，即使坐在了电脑前，也没法集中精力写，而是左顾右盼地用其他事情打发时间。当她重新阅读了自己写下的一行字，又觉得写得太差了，还不如在网上"复制"和"粘贴"的更好，最终她还是没有写，而是拼凑了一篇。

人们知道在自己不喜欢的事情上没法投入精力，因此会在选择方面下工夫，比如，在选择学习专业和职业方面，每个人都更倾向于选自己喜欢的。因此，学业和职业可以成为痛苦的源泉，如果缺乏积极性，就会影响个人发展。

要克服这种拖延，除了注意选择之外，还要对不得不面对事情注重培养兴趣，唯有如此，才能让大脑不会总是发出"无聊"的信号，不会让你总是在这些事情上拖下去。

如果你讨厌做家务，那就想想窗明几净的家的温馨；如果你讨厌写论文，那么就想想如果自己一次就通过，就再也不用写第二次了；如果你讨厌锻炼，那就看看健康的体魄是多么受人们的青睐。总之，这样想可以让你得找到行动的动力。

因恐惧未知，将乐趣拖延

有一种拖延很有趣，跟逃避讨厌的事情相反，是明明对某件事充满了向往，却迟迟不肯行动。一个梦想着去旅行的人从来不愿意走出生活的城市；一个向往运动的人，从来没有参加过体育活动；一个想谈恋爱的人连一封情书都没有写过……

明明内心充满向往，为什么不做呢？因为他们恐惧事情的未知部分，他们不敢走出生活的地方去体验旅行的乐趣，是害怕旅途中出现自己难以应付的局面。他们不敢参加运动，担心竞技体育会发生意外。他们不敢写情书，因为不知道写情书会带来什么结果，对方的态度会是什么样，如果对方拒绝该怎么办，照此看来，他们一方面对这些事情充满向往，而另一方面又怕事情会不受自己控制。他们能如此拖延，完全是恐惧心理在作怪。

任何事情都具有未知性，我们都不是先知，无法预料事情的发展过程，更不能详细地预料到每一个细节。可是任何事情都具有双面性，过多地对不好的一面恐惧，怎么能行动起来呢？虽然未知的部分未必是我们擅长的，但我们可以学习；出现意外，也可以想办法解决，办法总会多于问题。行动起来，我们才能体验到生命之中的乐趣。

家住天津和平区的一对退休夫妇也曾是环游世界的"梦想家"。最初，他们害怕语言不通遇到自己难以解决的问题，又担心身体超负荷、钱不够用等等。可是他们经过一番思想斗争，还是决定走出去。终于在 1994 年，他们迈出了第一步，走出了国门，度过了一次异国之旅。回来之后他们的那些担忧变少了。此后，他们每年都会给自己安排出国旅行。至今，他们已经走过了四个大洲的近 20 个国家。两个人每次说起旅行，就会滔滔不绝地讲起无数的奇闻趣事。

如果这对夫妇让担忧和恐惧主导了自己的生活，怎么可能体验到环球旅行的乐趣呢？事情具有任何可能，如果不做，怎么能知道结果呢？这对夫妻不也是在第一次旅行完成之后，消除了顾虑，放心地投入到自己喜欢的旅行之中的吗？放弃对乐趣的追求，就等于放弃了生命中的精彩部分。想必他们也遇到了不少问题，但是他们也肯定想办法解决了，因为这样才会把旅行的乐趣坚持下去。

换句话说，要想得到，必须付出。

在纽约的博彩业，有一条至理名言："要想中奖，就得投入！"喜欢打牌的人都知道，任何一次都是输有赢，但是他们还是乐此不疲。他们为的不是消磨时光，而是离不开这种乐趣。因此，为了获得生活中的乐趣，你不得不去尝试。要是害怕摔跤，哪个孩子还能学会走路呢？

电影《海上钢琴师》的主人公 1900（人名）是一艘客船上的弃婴。他一生没有走下过那艘船，直到那艘船退役时，1900 也没有走下甲板，最后跟那艘船一起被炸毁了。

1900 并不是没有想过下船。他爱上了一名年轻的女乘客。一直到女孩下船，他也没能表白。1900 心里却一直思念着那个女孩。在朋友的劝说下，他怀着对爱情生活的憧憬决定走下那艘船，到陆地上生活。一个春天里，所有的船员都出来跟他告别，他穿着 Max 送给他的骆驼毛大衣，缓慢地走下船梯，可他走了一半就站住了。他茫然地看着繁华的纽约港，停了一会儿，将自己的帽子扔到了海里，转头回到了船上。他说再也不下船了。

多年以后，他对自己未能下船的原因做了解释。他说世界太广阔了，大得让他害怕，那些交错的街道没有终点，就像有很多个键的钢琴，这种望不到边的感觉，让他感到恐惧。他宁愿死掉，也不愿意茫然地面对一个没有尽头、无所适从的世界。

1900 的朋友为他不能下船感到惋惜。在我们的眼里，生活在陆地上远比生活在航行的轮船上要安全，学会认识街道并不那么难，熟悉一个环境也是生活中的一部分而已。可 1900 却因为对未知陆地生活感到害怕，迟迟不肯下船，连自己喜欢的姑娘也放弃了！如果他走下来，尝试一下走在陆地上的感觉，去拜访一下那位心仪的姑娘，说不定很快就会适应陆地上的生活，并收获自己的爱情。

拖延追求乐趣的人自有他们的理由，可是说服自己拖延，不如说服自己行动。不尝试就永远也没有机会体验生活的乐趣。生命如此短暂，我们应该尽情体验生命的乐趣，而不是只有向往，却不行动。要是《背包十年》的作者担心到处旅行的日子会让他生活窘迫，他就不可能享受到处旅行的快乐，更不可能成为旅行畅销书的作家。

我们不能拖延追求乐趣的脚步。如果想去旅行，就迈开大步走出去；想参加集体运动，就赶快去报名；遇见一见钟情的女孩子，也要尽早表白……

因反抗情绪引发的拖延

有时候拖延也是反抗情绪的产物。有时候别人让你往东，你偏偏往西，别人让你干什么，你就偏偏不干什么，这种情况多数都是反抗情绪在作怪。

在反抗情绪的支配下，人们不做回应的拖延情况十分常见。

有些人十分不喜欢被人命令或者限制，因此别人要求他做什么，他就偏偏不做。他们自有一套说法："本来是要做的，现在强迫我做，我就不做了！"仿佛通过不做事的方式进行反抗才让他们感觉到自己有尊严。

爱丽丝就是一个不喜欢被限制的姑娘。平时她跟人相处起来是随和的，可是当有人让她去做事情的时候，她就会生硬地回答说："是的，我正打算做这件事，可你让我做，我就不做了。"她认为被命令做事是非常糟糕的事情，让她感觉到压力，仿佛受到了逼迫。

没有人喜欢被强迫，当有人命令我们做事的时候，我们的做法有两种：

一、收到命令就服从，无论如何都要去做。

二、绝不服从，用行动拒绝。

如果你选择第二种，那么你跟爱丽丝是一样的，因为要发泄反抗的情绪而拖延。

在生活中，被支配的情况比比皆是。很多事情不是能由我们自己决定的，我们不得不屈从于现实，到期还款、纳税、考试等等，都是生活附加给我们的责任，我们不得不在最后期限完成它们。如果跟所有的被迫做的事情对着干，还有什么事情是能做的呢？

以拖延的方式来反抗会给个人带来不良影响，导致被周围的人孤立。因为这种表现会让周围的人远离你，使你显得越来越不合群。反抗情绪会让我们把自己看得太重，过于强调自我。越是这样，就越感觉自己被忽略了，仿佛你的自由被剥夺了。如果服从别人的命令，你会觉得人们是在欺负你，把你逼得走投无路，因此你绝不服从。周围的人会因此认为你是个不好打交道的人，认为你不合群。

没有人喜欢这样的人。时间一久，你会发现自己已经孤立无援了。当你需要他人的帮助，请别人做事的时候，你会发现别人也不会配合你。因此用拖延来宣泄自己的反抗情绪，可不是个好方式。

不要用拖延的方式表达反抗的意图，尽力与人做好沟通，理解他们为什么让你现在做那件事，没人会无缘无故地让你做事，达成共识，你会愿意满足他们的要求，这样你有求于他人的时候，也会方便得多。

反抗情绪引发的拖延如果发生在工作中，会让一个企业效率低下。

然而，工作中是最容易出现反抗情绪的，因为工作中，老板总是发号施令，而员工则要服从。据统计，美国有三分之一的员工劳动超负荷，他们对自己的老板满腹怨言，这样的情况非常容易引发员工的拖延行为。员工有怨言而又不能正面反抗的时候，很可能转化为消极怠工。当老板要求员工加班的时候，他们会在心理说："要加班吗？那我慢慢做好了！"

每个老板都应该重视这件事情，避免发生这种情况。老板应该积极承担一些责任，比如在员工的生活方面提供一些方便，如实行弹性工作制、轮流值岗制等。很多公司已经非常重视这个问题，有些大公司还为员工开办了免费幼儿园，让员工享受到公司的福利，而愿意为公司尽心尽力地工作。

员工在工作中也要调整自己的情绪，不要因为一些工作上的琐事就对自己的老板耿耿于怀，让过去发生的某件事抹杀了你的工作能力。

先天注意力缺失引发的拖延

在日常生活中，人们经常会出现注意力分散的情况。比如正在看书的你，眼睛总是不断地往电视上瞟；正在吃饭的时候，外面有了喧闹声，于是放下饭碗去外面看热闹。这种注意力分散，会在很大程度上造成拖延：打算半个小时看一章的书，用了一个小时才看完；十分钟就能吃完的饭，结果花了二十分钟。在工作中，这种因注意力分散而产生的拖延更为明显。比如当你打算集中精力工作的时候，足球比赛开始了，于是你的注意力便被球赛分散了。尤其是当你对手头的工作感到厌烦的时候，注意力分散得更严重。这是造成工作拖延的很重要的因素。

人们以前一直认为，注意力分散完全是心理因素的影响。一个人对另一件事情产生了更浓厚的兴趣，才会出现注意力分散。但是现代科学研究表明，注意力分散并不只是心理原因，某些情况下，生理原因也可以成为重要因素。

近二十年来，世界各地的一些具有相似特点的孩子被认为患有注意力缺失紊乱症类的疾病。

长达几个世纪的时间里，人们发现有些孩子有类似的特点，他们好动、野蛮、乖戾、热情过度，说起话来没完没了，沉溺于幻想，但是始终找不到是什么导致了这些行为。直到近期，人们才发现了这些行为背后的秘密。

在对大脑进行的研究中，人们发现，患有注意力缺失多动紊乱症的人在脑部某些部分的发育上和正常人不同。他们的脑额前叶部分较正常儿童发育迟缓，一般来说迟三年左右。脑额前叶是维持注意力、规范行为和自我控制的部位，当脑额前叶发育不健全的时候，就容易出现上述的各种症状。

注意力缺失多动紊乱症最核心的症状有三个：注意力不集中、容易冲动和烦躁不安。他们没办法把自己的注意力长时间集中到一件事情上，因此当他们在执行某项任务的时候，执行过程很容易自行打断，任务也会被无限拖延下去。有这种情况的人跟正常人的注意力分散不同，如果不是患有这种疾病的人，很难体会到想记住或者想集中精力而做不到的感觉。

皮特是个患有注意力缺失多动紊乱症的孩子。他显得比一般的孩子要淘气得多，不是爬上爬下，就是撕扯东西，要么就大声喊叫，总之，他一刻也闲不下来。他倒是玩得不亦乐乎，可是看护他的人却被折腾坏了。因为他一刻也安静不下来，常常遭到家里人的训斥。后来，皮特上学了，可他还是老样子，他的注意力一刻也不能集中。放学回家，他没办法集中精力写作业，有时甚至会忘记作业的内容。

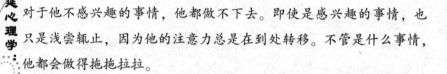

对于他不感兴趣的事情，他都做不下去。即使是感兴趣的事情，也只是浅尝辄止，因为他的注意力总是在到处转移。不管是什么事情，他都会做得拖拖拉拉。

这种疾病的患儿在进入青春期后，大约有 30%—40% 的人会有好转，因为随着年龄的增长，脑额前叶也会渐渐发育，注意力分散的问题会渐渐减少。而另外的那些人，直到成年也难以摆脱这种疾病的困扰，他们的梦想很难实现，他们想做的事情也很少能做完，无论有多少个最后期限都会被错过。

正常人也有注意力不集中的情况发生，根据统计数据，在本人并没有注意的情况下，15%—20% 的时间里，我们的脑子在开小差。对于正常人来说，当发现自己的注意力分散了以后，很快就能收回注意力。可对于患有注意力缺失多动紊乱症的人来说，收回注意力实在是太难了，他们没法把精力保持在一件事情上太久。

多数学者把注意力缺失多动紊乱症看成是一种生物因素上的疾病，而有些学者则认为它与环境影响有关。在现代社会，人们每天要面对诸多问题，有时会在同一时间接收多条信息，处理多件事情，人们必须不断转移自己的注意力，使那些事情能顺利进行。他们处理事情的方式和注意力缺失多动紊乱症患者的方式相同，都是采用简单处理一下就转移视线的方式。

不管是生理方面的因素，还是环境影响了这些患者，我们都不该把他们看成是"另类"，他们只不过比常人更容易拖延。我们需要给他们更多的理解和帮助。即使是正常人，如果存在拖延问题的话，也会在某些时刻需要帮助。而这类人只是需要我们多一点理解而已。

拿不定主意也是拖延

犹豫不决引起的拖延被专家们称为决策型拖延。人类是高级生物，很多事情都需要自己拿主意，比如穿什么衣服，选择哪种工作，何时结婚等等。面对一些问题拿不出自己的主意时，决策型拖延者就会把事情搁置一旁。

王勇是一个高三毕业生，正面临着填写报考志愿的问题。他面临着三个选择：第一个是跟好友报同一所学校，因为他想跟朋友在一起；第二个是父母建议他报考的学校，这个学校所在的城市是就业比较容易的；第三个是他自己喜欢的一个学校，他一直梦想能到那个城市生活。他的问题来了，这三个志愿到底该以怎样的顺序出现在报考志愿上呢？他认为做出这样的决定是困难的，一方面怕选择错误，造成的后果难以承受，一方面不知道如何做出正确的选择，如果报考志愿能三个并列填写就好了！可是他必须按照顺序填写。他非常苦恼，迟迟拿不定主意。他希望有人能替他决定。

王勇的这种拖延就是决策型拖延。当我们有能力做出选择，而下不了决心时，就是决策型拖延。这是一种很常见的拖延。这个学生完全有能力做出决定，而他却认为自己无法做出决定。有这种拖延行为的人期待不用自己拿主意，而是有人替他们决定。简而言之，决策型拖延就是推迟决定。

对于决策型拖延，有人说是因为他们缺乏个人竞争力或者缺乏时间上的紧迫感。这种说法并不正确。有一个实验可以证明这一点。针对决策型拖延和时间的紧迫感以及竞争力之间的关系，美国的研究人员进行了观察实验。

在实验中，有 100 个被研究对象接受了调查，他们被分成两组——果断的人和犹豫不决的人，接着进行了分发纸牌的实验。在分发纸牌的过程中插入了按灯的一个任务——当灯亮了的时候，需要他们按下按钮。也就是说当灯亮了的时候，他们需要做出选择，按按钮还是继续分纸牌。实验的数据出来以后，可以发现这两组人完成任务的时间十分接近，并且分发的准确度也十分相似。

这样看来，犹豫不决的人在工作效率上或者竞争力方面并没有问题，他们也不会为了提高准确度而牺牲效率。也就是说犹豫不决的人并非没有能力迅速地做出决定，而是他们选择了拖延。

犹豫不决的人故意放慢了做出决定的速度。他们为什么会这样呢？研究人员经过调查发现，犹豫不决的人有一些共同的特质，他们很难集中全部精力去做同一件事情，他们的精神是涣散的，且喜欢沉浸于幻想，而非关心实际情况和做出有效的决定。在心理学家的实验中，人们看到了这样的现象。

研究者让一个果断的人和一个犹豫不决的人选购一辆汽车，可选择的范围先是两辆车，那么他们只要了解这两辆车的信息就足够了，之后可选择的范围逐渐扩大到六辆，那么犹豫不决的人会越来越不愿意更多地了解信息，他们只是关注自己看中的汽车。而果断的人不同，他们会多方面地掌握信息，自己看中的和没有看中的车的信息都去了解。虽然犹豫不决的人能够得到那些信息，可他们却不愿意继续了解。他们的注意力容易分散，需要做决定时，他们不会尽可能多地获取信息，甚至会逃避信息。

要做出恰如其分的选择必须掌握足够的信息，信息量越大，考虑就会越加周全，而决策型拖延的原因是精神散漫，不能集中精力获得足够支持决定的信息。

决策型拖延不是一天两天养成的，往往是日积月累而成，要克服它，办法很简单，只要拿出承担后果的勇气，就能果断做出决定。

如果你去买一盏台灯，而你发现你没法选择，因为你不知道哪个更合适。售货员将台灯本身的信息向您介绍得很清楚了，你拿不定主意是因为你不了解自己家使用台灯的情况，比如自己家的插座够不够大，摆放的位置大小、高度是不是跟台灯匹配。其实只要你拿出一点勇气，挑一盏灯，你就不会空手而归，即使台灯不太合适，你也可以从中了解到自己到底需要什么样的台灯。

逃避不是办法。生活中和工作中都免不了要做选择，要是什么事情也不能做决定，那可真是一个不小的烦恼和痛苦。虽然面对生命中的重大事件，就算是再果断的人，做出决定也需要一个仔细衡量的痛苦的过程，但是我们依然没有理由逃避，因为逃避也是一种选择。这就像毛驴和干草的故事。一头毛驴，找到了两堆干草，而它拿不定主意先吃哪堆更好，于是在两堆草中间徘徊，最后竟然饿死了。

看来，犹豫不决会引起严重的后果，必须克服它。虽然，我们不知道选择哪个才是最好的，但是只要选了，就胜过没选。如果毛驴能知道这一点，即使自己选的那堆草不是最好的，但也不至于饿死。我们只要拿出承担后果的勇气，就不会空手而归。若是你拿不出勇气，没法做出选择，那么就意味着你什么也得不到。

你根本不必害怕做出错误的选择，只要你拿出勇气选了，就是一种成功。罗斯福总统说："就算是选择错了，也比不做决定更好。"把决定的权利交给别人，就是将自己的命运交给了别人。实际上别人选择的结果，总的来说也不外乎正确和错误两种，如果选择错了，你是否真的愿意承受？最后很可能还是埋怨别人，埋怨自己。而自己做决定，不也是这两种结果吗，自己掌握自己的命运，与人无尤，所以干吗不自己做选择呢？

在一生中，没有哪个人的选择总是正确的。人人都喜欢正确和成功，都怕失败和错误。要是听见消极的人对你说"选择错误就是死路一条"，或者在你选择错误的时候麻烦会来攻击你，那么就用罗斯福的话回敬他吧！告诉他生命之中冒险和博弈是个永恒的主题。

强迫症引发的拖延

我们都听说过强迫症，但未必知道它会引发拖延。强迫症患者会给自己施加巨大的心理压力，并在逃避压力的过程中发生拖延。

强迫症的主要表现是心理和行为上的强迫。强迫症的成因很多，比如家庭暴力、他人的不理解、外界歧视等等，也会由外界压力引起。它会导致一些行为上的障碍并引发拖延。

强迫症患者会反复地做自我强迫，明明知道做这些事情没有意义，还是没法让自己停下来，越是想停止就越是感到紧张、难受，结果导致一些该做的事情被拖延了。

很多年轻人有晚睡强迫症，劳累了一天之后，熬到夜里两三点才睡觉，他们也知道自己第二天还要早起，可还是不停地刷新网页，跟朋友在 QQ 上聊天。好不容易放弃了电脑，靠在了床头，还是不想躺下，手里又开始翻杂志。想着第二天可能起不来，又拿过手机定闹钟，趁这个空当再刷一下微信，看看朋友们又发了什么有趣的消息……直到夜深人静，关了灯，还是难以入眠。

该睡觉的时候不睡觉，而是做这些毫无道理的强迫行为，就是轻度强迫症的表现，如果再严重的话，可能会胡思乱想或情绪激动。

要想克服这种强迫心理下的拖延行为，就要了解强迫心理的原因。引起强迫症的原因是多方面的，年轻人的强迫症，多数是由于压力造成的。因此，年轻一族只要找到压力的来源，并做缓解，就可以了。

学生有升学压力，上班族有工作、生活、家庭等方面带来的压力。当压力得不到缓解，这些人看上去正在默默承受，而实际上大脑已经开始不自觉地让他们选择拖延，他们的潜意识让他们对压力选择了逃避。

小张毕业半年了，工作依然没有着落。眼看同学们都找到了工作，他的父母开始接二连三地数落他。一些亲戚也对他表示同情，屡次劝他"慢慢找，别着急"。他觉得压力越来越大，心情越来越差。他觉得找工作实在是太难了，已经懒得尝试了。于是常常睡到十二点才起床，吃过饭也不再忙着投简历和预约面试，而是开始玩游戏。他变得沉默寡言，再也不愿意出门。父母看着他越来越颓废，

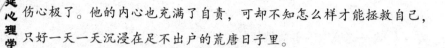

伤心极了。他的内心也充满了自责，可却不知怎么样才能拯救自己，只好一天一天沉浸在足不出户的荒唐日子里。

小张没有找到工作的压力越来越大，他没有地方可以发泄情绪或者释放压力，只能硬撑着。他知道自己的责任是尽快找到工作，可是他在做不到的情况下，潜意识帮他做出了逃避的选择。他已经在深深的焦虑中患上了强迫症。

因强迫症导致的拖延，并不是多么丢人的事情，更不要过于自责。这是人体自身防御机制所致，是我们的身体为了保护自己，而做出的逃避压力的反应而已。

这种拖延下的人常常会感到精神上的痛苦，不是小看自己就是自责。而且这种拖延的原因不会轻易被发现，自己一时也弄不清自己是什么想法。到底是怎么成为现在这副样子的，自己也说不出个所以然来。

对于这类人群，需要做的是，对自己的拖延行为做个总结，看看是不是自己的强迫心理在作怪。如果是，首先要放松心情，建立信心。抛开所有压力，去玩个痛快也不错。情绪好起来之后，可以找父母、朋友谈谈心，说出自己的难题，建立信心。持续的压力会给人的心理和生理造成伤害，保证睡眠，参加适量的社交活动或者运动，有预防强迫症的作用。

第三章 负面效应：
认清拖延带来的危害

对现代社会而言，时间就是效率，多数人都在抓紧时间做事。然而，一些拖延者却总是在为自己找借口。他们的大致状态是：精神不振、状态不佳、情绪糟糕，但越是这样，他们越是拖延，始终处于负面状态中，掉进拖延的怪圈。

拖延让你总是沉溺在悲观的情绪之中

工作中我们犯错了，或者工作任务没做到位，被领导叫到办公室狠狠地批评了一顿，此时你是什么心情？是不是感到十分委屈？感觉自己在领导心里留下了极为不好的印象？是不是觉得自己日后在职场无立身之地了？一系列负面的暗示让我们的心情十分糟糕，我们沉浸在悲观之中，还有什么心情工作，于是，致使手头上的工作一拖再拖。

可见，悲观情绪会让我们产生拖延，产生更大强度的压力。

杰克是个多愁善感的小伙子，虽然他才二十几岁，但他已经显得老态龙钟了，他从来不与朋友一起出门玩，而是一个人坐在藤椅上，一言不发地凝神静思，有时还莫名其妙地唉声叹气。在长吁短叹中，杰克已步入中年。

有一次，他看一本心理学书籍，书中的主人公和自己太像了，主人公向一个心理学家倾诉了自己的苦恼，而心理学家却一语道破了其中的原因："你已经三十几岁了，但你有反思过过去吗？你过去之所以从未快乐过，关键在于你总把已经逝去的一切看得比实际情况更好，总把眼前发生的一切看得比事实更糟，总把未来的前景描绘得过分乐观，而实际却又无法达到。如此渐渐地形成了恶性循环，自然就钻入'庸人自扰'的怪圈了。"

看到这里，杰克才发现，一直以来，自以为成熟的自己，却一直在做不成熟的事。

心理学家还说："人的性格弱点就在于好高骛远，总是向世界提出不切实际的要求。"这就是不成熟的表现。这则故事中，年轻人杰克为何会荒废自己的大半生时间？这是因为他总沉浸在悲观失望之中，假如他能早一点管理自己的情绪，也许就能早点行动起来。

在现实生活中，很多人产生悲观情绪的主要原因还是因为犯了错，一味地悔恨让他们感到失望、悲观，其实，人非圣贤，孰能无过。任何人都会犯错误，关键在于能否从中吸取教训，分析犯错的原因，避免今后重新犯相同的错误。犯错误未必是一件坏事。它可以让我们看到自身的缺点，体认到自己的不足，这样我们才会从错误中逐渐成长起来。

那么，针对因悲观而产生的拖延问题，我们该怎样解决呢？

1. 不再抱怨失败的结果

失败是人生道路上常有的遭遇，可是失败却不是人生的结局，在未来的旅途中，它其实远没有想象中那么重要。这是从人生大局上看待失败的最好心态。无论是对于失败的结果，还是对于失败的过程，我们都应该更理性地分析认识。

有两个人，大杨和小杨。有一天，两人都接到了同一个工作项目，大杨在刚接手的时候，就已经开始着手各种策划、预算、评估；而小杨呢，则是想着这个项目期限还远着，可以稍缓一下。随着时间一点点过去，大杨在这期间充分调研，反复修改，完成了项目；

第三章　负面效应：认清拖延带来的危害 | 051

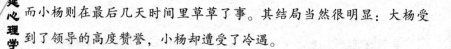

而小杨则在最后几天时间里草草了事。其结局当然很明显：大杨受到了领导的高度赞誉，小杨却遭受了冷遇。

我们可以试想小杨面对结果时的状况——大多数情况下当事人会抱怨，夹杂着不满和悲观。可是事实呢？小杨在准备过程中，他并没有尝试努力去完成工作，却选择了拖延后才去行动。

面对失败，人常有的惯性——虚荣，这也让很多人更在意结果。失败时，虚荣心会作祟，责问自己怎么能不如人，于是更深一步引发出了悲观的情绪。但这一切的本质，都是拖延的结果，它延缓了自己前进的步伐，让成功离自己越来越远。

2. 纠正性格的歧途——自我误导

从呱呱坠地那一刻开始，人们便开始产生了对世界的认识、理解和感受。在人的成长过程中，不一样的人会因为所接触到的环境不同，而造就了不同的性格。有的人强势坚定，有的人优柔迟疑……但无论怎样，环境造就人，也可以改变人。

因为拖延，结果与期望差距甚大，人们会思考这是来自自身的原因还是外部环境使然。不要总是在失败后从环境中找借口，失败的本源在于行动。我们应该把握住性格中那坚定不移的行动部分，遇事不要拖延，不要迟疑，让自己的性格一点点趋向于果敢的行动派，那么到最后，悲观甚至失败都将远离你。

3. 把行动具体化，制订可行的计划

在很多人心中，梦想是一个虚幻的概念，与自我的实际情况往往脱节。有人说，他想在明年攒够一百万，可是现在的他却分文没有，他也尚未为这个目标制订出更详细的实施举措。还有人说，他

想在三年内晋升为主管，可是至今仍然坐立不动，没有半点业绩。这些人具体的行动呢？他们是否已经开始更努力地工作？是否开始着手与周围人保持和谐的交际关系？

我们也许都清楚，实际的行动是避免拖延、避免失败的最好举措。那么应该怎样去做呢？

有一个白领小钱，他在刚进入公司的时候就暗下决心：一定要在两年内坐上销售部主任的位置。于是他开始了努力而艰辛的奋斗。可是事实上，两年后，他还是办公室里的小文员。小钱在奋斗的过程中，为了实现晋升，该有的表现是：良好的业务成绩，和同事、领导建立良好的关系。如果只是自己埋头苦干，而没有更细致的行动目的，其失败是必然的。

没有目标的行动，有种努力了却难有好结果的尴尬。失败的结果让人难以承受，进而演变成对现实更悲观的态度。但往往一个梦想的实现，是由更多、更小的目标的成功作为其支点的，小目标完全实现的时候，梦想也就会变成现实。

如果我们一味失望、生气、伤心或者懊悔，悲观的心态就会如影随形。我们应该学会控制自我，有效地将我们的希望与现实相连接。在任务下达时，先尽力尝试去做好准备工作，然后分阶段地制订行之有效的与任务相关的目标，不再拖延。在面对结果的时候，无论成功与失败，我们心中应该在意的不是那结局，而应该是在行动中我们曾多么努力、我们的付出让我们收获到了什么。

传奇歌手法兰克·辛纳屈有一首非常经典的歌叫《我的方式》。他在这首歌里说到，在他的事业落幕之时，他也有过遗憾，但却很少，"不值得一提"。因为他知道他在自己的生命中是用自己努力的行动去完成梦想的。他有着不遗憾的过去，他感觉到了人生的充实和骄傲。所以，当他最后想起那些艰苦岁月的时候，他的心里没有悲观与伤感，有的只是美好的回忆。

人生没有过不去的坎。人们内心最大的敌人永远只是他们自己。当你不再因为情绪而失去自我的时候，那么你也可以骄傲地说：悲观是什么玩意儿？那与我有关吗？

心灵有了破窗，拖延便会趁虚而入

每个人内心深处都有一个"大法官"，时刻评判着自己的行为。当你达不到自己的要求时，你就会感到自责、挫败、羞愧、自我厌恶，对自身产生了深深的怀疑，把自己定义为全世界最失败的人，甚至想通过某种方式来惩罚自己。比如当你没能如愿拿到奖学金、论文不被导师认可、工作受到上司否定时，你都会产生这样的情绪。

在和拖延症"纠缠"的过程中，你时刻都会受到"大法官"的咒骂，它说你没用，连最简单的事情都做不好；它责怪你惰怠、缺乏自制力；它嘲笑你优柔寡断、做事慢吞吞的样子。为此你感到愤怒，可是又不知该把矛头指向谁，因为这个"大法官"其实就是你自己的声音，你没有办法对其隐瞒真实的感受和看法。当你把自己骂得狗血淋头时，便感到无地自容，觉得自己是个一无是处的废物，于是便破罐子破摔，日趋颓废和堕落。

心理学中有一个非常经典的理论叫作破窗效应，它是指一栋房子如果有一扇窗被打破了，在没有人修补的情况下，很快其他窗户也会被莫名打破；一面干净的墙如果被涂鸦，没有人将其清洗掉，用不了多久这面墙就会被涂满乱七八糟的东西；行走在干净的路面上，人们出于羞耻心都不好意思随手丢垃圾，但是地面上一旦出现了垃圾，人们就会毫不犹豫地乱丢垃圾。

破窗效应的理论是由政治学家詹姆士·威尔逊和犯罪学家乔治·凯琳提出的，该理论认为放任不良现象存在，会诱使人们变本加厉地进行破坏行为。破窗效应理论的诞生源于美国心理学家菲利普·津巴多做过的一个试验，他把两辆一模一样的汽车分别停放在治安良好的加州帕洛阿尔托的中产阶级社区和治安较差的纽约布朗克斯区。他故意把停放在纽约布朗克斯区的车摘掉了车牌，还把顶棚打开了，结果汽车当天就被盗走了。一个星期过去了，放在帕洛阿尔托的那辆汽车仍停在原地。后来，那辆车的玻璃被打出一个洞后，仅仅过了几个小时它就被偷了。

当任何一种不良现象存在，原有的秩序被打破，就会传递出一种负面的信息，这种信息进而导致不良现象无限恶化。用破窗效应来解释拖延症，其过程是：你允许拖延症存在，就好比允许一栋房子有一扇破窗，这扇破窗的存在给你带来潜在威胁，让你觉得不安全，可是你又忍不住对自己说谎，为自己制造一种虚假的安定感，这时一个理性而严厉的声音不停地批评和指责你，命令你马上修补破窗，你感到羞愧、内疚、无能为力，内心充满挣扎，可仍选择继续拖延下去，你对自己越严厉，你便越憎恨自己，由于被负面情绪包围，你开始变得放纵，导致拖延症向持续恶化的方向发展，陷入"放纵——自责——更严重的放纵"的恶性循环。

何蕾为了调整自己的状态，几乎断绝了和所有人的联系，她关掉了手机，收拾好了简单的行囊，在一个山清水秀的偏远乡村休假。或许朋友们无法了解她为什么会玩"失踪"，这不符合她的性格，只有她自己清楚，如果再不逃离，她极有可能被拖延症拖垮。

每次坐在办公室的电脑前，她就开始怨恨自己，觉得自己是全世界最无用的人，因为她不能控制自己的意志和躯体，只能任凭拖延症的毒素在自己的脑海和躯体里蔓延，只做了一点工作就想把余下的工作拖后，能拖多久算多久，结果每天她都无法完成当日的工作。她也试过拯救自己，告诉自己每天的太阳都是新的，发誓要给自己一个崭新的开始，决定用最严厉的方式促使自己完成当天的工作，结果她越是逼迫自己，工作越是无法进行，她终于明白一切的对抗都是徒劳的，于是干脆缴械投降，任性地放纵自己，有时大半天都在做与工作无关的事情，后来发展成一连数小时都在发呆，工作几乎处于停滞状态。

何蕾变得越来越消极，心理负担越来越沉重，她觉得自己辜负了公司的信任，又感到对不起父母，心想父母一定会对自己的表现失望。她开始吸烟了，后来染上了酒瘾，觉得自己正在向黑暗的深渊滑去。最后她做出了一个决定，离开自己熟悉的一切，到一个陌生的地方流浪。在没有手机、没有电脑，仿佛世外桃源一般的地方她的心灵得到了休憩，可是长假很快就过去了，她又要面对原来的生活了，脚下的路要怎么走，她并没有找到答案。

拖延造成的无用感，往往会摧垮一个人的意志，有拖延症的人日复一日地用尖刻的谩骂折磨自己，无异于对自己灵魂的鞭挞，这种伤害往往是难以平复的。有些拖延者对未来有着清醒的认识，知道自己如果修不好心灵的破窗，就有可能变得百孔千疮，可是又认为自己是个拙劣的修补匠，根本没有能力修补好自己。为了逃避痛苦的现实，拖延者会借助各种手段麻痹自己，进而对各种有害的事物上瘾，比如酗酒、迷恋网络、暴饮暴食……总之拖延者放弃了自救，任凭自己沉溺，走向可能吞噬一切的泥潭。

我们知道，人最大的敌人就是自己，当你无法面对自己，无法战胜自己，就会屈从于拖延症的摆布，变得麻木不仁或者越发痛苦。当你选择自暴自弃的那一刻，所有的欢乐和幸福都将离你而去，使你饱尝人生的苦酒。其实你的苦涩与命运无关，只是对拖延症屈服后的你不再是命运的主人，而是彻底沦为失去了自由和尊严的奴隶，这是多么可怕的事情啊。如果你不想让这样的事情发生，或者不想再扮演这样可悲的角色，那么从今天起就勇敢地站起来吧，和拖延症斗争到底，在热血和理想中重获新生。

拖延症患者常认为"我本来就不行"

我们都知道，自信是对自己的高度肯定，是成功的基石，是一种发自内心的强烈信念。相反，如果一个人总是自我怀疑，认为自己这不行那不行，那么，久而久之，他便真的不行了。事实上，自我怀疑也是人们拖延行为产生的一个重要原因。

在拖延症患者的心中，经常会有这样一些声音，"这件事我肯定做不了""我不想被嘲笑""太难了，我无力应对"，这些负面的评价让人们消极和懈怠手头上的工作，因为在他们的潜意识中，要想最大限度地逃避失败的打击，就只有拖延时间。其实，我们不难想象，任何一个自我怀疑的人都不可能取得工作上的成就。因为他们总是在自我设限，他们认为自己在规定时间内做不到，他们不敢挑战更大的目标，更不敢参与竞争，对于别人的成功，他们也只能自怨自艾，一旦出现挫折，他们很难走出来。相反，一个人一旦有了自信后，就会积极向上，会比别人更有执行力，更有耐挫力，当他们遇到问题时，也更有勇气面对，而正是这种力量指引着他们不断走向成功。可见，破除拖延习惯的第一步，就是破除自我怀疑。

那么，我们该如何破除自我怀疑呢？

1. 正确认识自己，接纳自己

一个人要对自己的品质、性格、才智等各方面有一个明确的了解，方可在生活中获得较为满意的结果。除此之外，不要讨厌自己，不要以为自己羞怯就容忍自己的短处。一个人不要看不到自己的价值，只看到自己的不足，认为自己什么都不如别人，处处低人一等。

2. 学会正确地与人比较

拿自己的短处跟别人的长处比，只能越比越泄气，越比越自卑，一些人因为学历不如人、能力不如人便产生"无用的心理"就是这个原因造成的。

3. 鼓励自己，给自己打气

也许现在你正在做一件难度很大的事，要承受来自各方面的压力，你可能怀疑自己，也想过放弃，但你必须坚持下去。在给自己制订计划的过程中，你要给自己打气，最终，你会看到成果。

4. 根除那些消极的习惯用语

消极的习惯用语一般有：

"我好无助！"

"该怎么办？"

"我真累坏了"

相反，我们可以这样说来激励自己：

"忙了一天，现在心情真轻松！"

"上帝，考验我吧！"

"我要先把自己家里弄好。"

"我就不信我战胜不了你！"

5. 敢于挑战高难度，相信自己的潜力

一个自信的人，常看到事情光明的一面，他们到哪里都会光彩夺目，为此，即使现在的你依然只是一名普通的员工，但你要相信自己，拥有这样的信念，你才能勇于接受更大的挑战，无论你做什么，都能有优秀的表现，都能挖掘出你意想不到的潜力。

一位音乐系的学生走进练习室。在钢琴上，摆着一份全新的乐谱。

"超高难度……"他翻看乐谱，喃喃自语，感觉自己对弹奏钢琴的信心似乎跌到谷底。已经三个月了！自从跟了这位新的指导教授之后，不知道为什么教授要以这种方式"整人"。勉强打起精神后，他开始用自己的十指备战、备战、备战……琴音盖住了教室外面教授走来的脚步声。

指导教授是个极其有名的音乐大师。授课的第一天，他给自己的这个新学生一份乐谱。"试试看吧！"他说。乐谱的难度颇高，这个学生弹得生涩僵滞、错误百出。"还不成熟，回去好好练习。"教授在下课时，如此叮嘱学生。

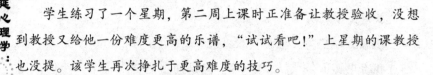

学生练习了一个星期，第二周上课时正准备让教授验收，没想到教授又给他一份难度更高的乐谱，"试试看吧！"上星期的课教授也没提。该学生再次挣扎于更高难度的技巧。

第三周，更难的乐谱又出现了。同样的情形又出现了，学生每次在课堂上都被一份新的乐谱困扰，然后把它带回去练习，接着再回到课堂上，重新面临两倍难度的乐谱，却怎么样都追不上进度，一点也没有因为上周练习而有驾轻就热的感觉，学生感到越来越不安、沮丧。教授走进练习室。学生再也忍不住了，他必须向钢琴大师提出这三个月来何以不断折磨自己的质疑。

教授没开口，他抽出最早的那份乐谱，交给了学生，"弹奏吧！"他用坚定的目光望着学生。

不可思议的事情发生了，连学生自己都惊讶万分，他居然可以将这首曲子弹奏得如此美妙、如此精湛！教授又让学生试了第二堂课的乐谱，学生依然现出超高水准的表现……演奏结束后，学生怔怔地看着老师，说不出话来。

"如果，我任由你表现最擅长的部分，可能你还在练习最早的那份乐谱，也就不会有现在这样的程度……"钢琴教授缓缓地说。

从这个故事中，我们发现，我们原以为自己只习惯在自己熟悉的领域表现自己的能力并驾轻就热，而事实上，如果我们自信一点，并能将那些压力转化为动力，那么，我们便能挖掘出无限的潜力，甚至可以超水平发挥。

的确，人的潜力是无穷的，如果你对自己有足够的信心，就会发现自己原来拥有这样的潜力，原来自己可以做到许多事情，如果你想有个辉煌的人生，那就把自己扮演成你心里所想的那个人，让一个积极向上的心态时时伴随着自己。

虽然我们不得不承认，我们与他人在很多方面的差距是与生俱来的，比如长相、身材、家境等，但是通过后天的努力，我们依然可以改变很多，比如个人能力、阅历。生活中，一些人面对与他人的差距，会怨天尤人，但抱怨并不能改变这种差距。而你要想缩小这种差距，甚至超越他人，就必须挖掘自己内心的力量——自信。设置与把握正确的人生目标，以及运用强大的能量向着我们所设定的目标努力，并采取一些具体的行为。而也只有这样，才能达到一种心理平衡。但这不仅仅是一种心理平衡，在富有耐心而坚毅的努力过程中，我们会比别人更珍惜时间、更有执行力。久而久之，你将逐渐显示自己的优势，超过别人，超过那些我们以前自认为不如他的那些人。

的确，人世中的许多事，只要想做，并坚信自己能成功，那么你就能做成。因此，我们也不必再因自我怀疑而拖延工作、止步不前了，拥有你一定能做到的信念，并立即执行吧，相信你能看到努力做事的成果。

拖延成性，拿什么来拯救生命的激情

有些拖延者做什么事情都不积极，每天上班都要晚到那么几分钟，做事总要比别人慢那么一点点，久而久之形成了一种病态的工作方式，进取心丧失，激情逐渐冷却，惰性滋生蔓延，工作效率越来越低下，工作态度越来越消极。

拖延是一种不良品质，是扼杀激情的元凶，当你被一些琐事吸引，将时间和精力耗费在不必要的事情上，对工作就会越来越提不起兴致。长此以往，工作的积极性和主动性都会受到影响。拖延者缺乏主动性，在没有被催促的情况下根本就不想加快工作进度，他们长期安于现状，任时光匆匆溜走，因为激情不再，便只想"腐朽"而不想"燃烧"。

小庄在刚刚大学毕业时，是个充满雄心壮志的热血青年，走出象牙塔之后，外面的一切对他来说都显得那么新鲜有趣，对于刚从事的工作他充满了热情。可是仅仅过了三年之后，他的激情就减退了，究其原因，主要是和拖延症有关，他平时在生活中做事就总是拖拖拉拉的，在工作上也是如此，在正式开工之前总要忙点别的事情，渐渐地就养成了懒散的习惯，自控能力越来越差，经常被各种各样的事吸引，一会儿看视频、一会儿登录论坛。由于常常分心，对日常工作的兴趣越来越淡，当所有的激情都烟消云散之后，他就变得不思进取了，每天都在浑浑噩噩中度过，不再幻想自己有更大的发展。

其实小庄也曾想过要改变自己的工作状态，可是无论怎么努力他都找不回当年的激情了，他时常感到惆怅，自己分明是个二十多岁的年轻人，为什么状态会像老年人那样暮气沉沉呢？

形容像小庄这样的人有个专有名词叫作"职场橡皮人"，这类人对待工作十分冷漠，心中的激情早已泯灭，就像橡皮做的假人一样机械地工作。职场橡皮人在我们身边几乎随处可见，许多白领在同一个工作岗位工作两三年之后，就会出现"橡皮化"倾向，造成这种状况的原因很多，其中不可忽视的一个重要原因便是拖延症产生的消极影响。

拖延者经常使用这样的说辞来安慰自己："等我有空再做。"似乎自己真的是个工作繁忙的大忙人，事实上他们常在一些无意义的事情上浪费时间和感情，把激情投放到与工作不相干的事情上，等到真正有了空闲的时候，还是想着玩乐，结果灵感、热情和创造性都在无尽的空虚中化为了泡沫。拖延让人失去生命中最为珍贵的东西，空耗的时间和精力，让热血和激情降到冰点。

威廉从小立下志愿，将来长大了要成为国内最有名的画家，可是因为各种原因，几十年过去了他仍未拿起画笔。16岁那年他在一本美术书上有幸见到了梵高的经典画作——向日葵，被画中强烈的色彩迷住了，向日葵散发出来的旺盛生命力好像比太阳更为耀目，当天他就买了颜料，想要挥笔作画，可是窗外却传来小伙伴喊他踢球的声音，他应了一声，放下画笔，高高兴兴地跑去踢球了，心想学画的事以后再做吧，人的一生那么漫长，他总会有机会的。

后来课业变得繁重了，为了考上好学校，他把大部分精力投入到了学习之中，画画的事暂时被推后了。大学毕业后，他成了一名普通的职员，拿着一份不多不少的薪水，他也想过要拿起画笔，可是现在学已经来不及了，他对自己说工作太忙了，根本抽不出时间，于是学画的计划作罢。

有一天威廉陪伴朋友参观了一次画展，一幅幅色彩明丽的油画作品映入眼帘，那些功力颇深的画家不乏后起之秀，威廉回来后受到了很大的刺激，立即辞了职，决定重拾绘画的梦想。他终于有了充裕的私人时间，本以为自己会全身心投入到绘画中，没想到看着眼前的颜料，他已经没有了当年的感觉，他不再有创作的激情了，起初他还能保证一天画几个小时，渐渐地越来越没有耐心。不久之后，他便把画笔锁进了工具箱，永远地放弃了绘画梦想。

做什么事都拖延的人注定平庸一生，有时候你觉得未来很遥远，你有无数次可以改变自己的机会，可曾想过拖延让你浪费了多少光阴，错过了多少精彩？从事一种具有挑战性的工作或一件自己毕生追求的事情，本是一种可以令人热血沸腾的事，但是一旦被拖延的病毒侵入，所有的壮志豪情都会成为久远的记忆，尘封的激情化作了灰烬，你的生命就会像温开水一样没滋没味。

拖延是危险的，因为它，你生命的火焰不能轰轰烈烈地燃烧，人生变得苍白无力，就像一幅没有鲜艳色彩的庸俗画卷。在与拖延症为伍的日子里，你不愿意主动做任何事情，工作时长期保持昏昏沉沉的状态，心中没有追求。当然你也会时常对这样的生活感到厌倦，也想激活自己全身的细胞，可是却发现很难做到。

我们经常可以看到有些人在健身房挥汗如雨、在酒吧闲聊、在商场购物好几个小时都没有一点倦意，可是在上班时却每天无精打采、面色麻木，日复一日地在近乎机械的程序中埋没了自己，成为让自己唾弃的平庸者。人可以平凡，但是不应该平庸，平凡是一种常态，平庸是一种病态，拖延是导致人终生平庸的罪恶因子，一日不除掉它，你的生命就没有激情的萌动。

如果你觉得自己的人生空洞得乏善可陈，不要再抱怨命运的不公，要从自身找原因，改变对待人生的态度，正视拖延给自己带来的影响，重启人生的程序。

拥有明确的目标和价值观

物竞天择，适者生存，当今社会更是一个处处充满竞争的社会，一个人要想从竞争者中脱颖而出，做事就必须要有方向感。的确，在现实工作中，一些人总是感到左右迟疑、无处着手，站在原地拖延时间，就是因为他们没有方向感，一个人若看不到前方的路，看不到希望，又怎能有决断力呢？

那么，怎样才能有方向感？这就需要信仰给予我们力量。然而，现代社会，随着物质文化水平的提高和文化的多元化，在一些人心中，对于崇高的信仰的追求似乎正在慢慢淡化，而这也是很多人心灵没有归属感的原因。因为只有忠实于崇高的信仰，心才有归属的暖巢。只有具有积极向上的信仰，人才会有良好的精神状态。一个人如果有了积极向上的精神状态，那么，他便能做事果断，即使身处逆境，他也不会感到恐惧，能坦然面对困难，心存希望，不会放弃，并积极寻找解问题的办法。

对于那些拖延者而言，信仰是十分模糊的概念，他们对于明天、对于接下来该做什么、该怎样做都没有明确的答案，他们没有一个理性的目标来指导自己行动，在别人已经为信仰展开行动时，他们只能站在原地打转，浑浑噩噩地浪费着生命。

世界著名博士贝尔曾经说过这么一段至理名言："想着成功，看看成功，心中便有一股力量催促你迈向期望的目标，当水到渠成的时候，你就可以支配环境了。"也就是说，只要有积极向上的信仰，

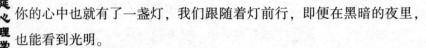

你的心中也就有了一盏灯，我们跟随着灯前行，即便在黑暗的夜里，也能看到光明。

我们先来看下面的故事。

多年前，有一位穷苦的牧羊人领着两个年幼的儿子以替别人放羊来维持生活。一天他们赶看羊来到一个山坡，这时，一群大雁鸣叫着从他们头顶飞过，并很快消失在远处。牧羊人的小儿子问他的父亲："爸爸，爸爸，大雁要往哪里飞？""他们要去一个温暖的地方，在那里安家，度过寒冷的冬天。"牧羊人说：他的大儿子眨着眼睛羡慕地说："要是我们也能像大雁那样飞起来就好了，那我就要飞得比大雁还要高，去天堂，看妈妈是不是在那里。"小儿子也对父亲说："做个会飞的大雁多好啊，那样就不用放羊了，可以飞到自己想去的地方。"

牧羊人沉默了一会儿，然后对两个儿子说："只要你们想，你们也能飞起来。"两个儿子试了试，并没有"飞"起来。他们用怀疑的眼神瞅着父亲。牧羊人说："让我飞给你们看。"但是他"飞"了两下，也没"飞"起来。牧羊人肯定地说："我是因为年纪大了才飞不起来，你们还小，只要不断努力，就一定能飞起来，去想去的地方。"儿子牢牢地记住了父亲的话，并一直不断努力，等到他们长大以后果然"飞"起来了，他们就是发明飞机的美国莱特兄弟。

这个真实的故事再次使我们坚信：一个人的内心如果蕴涵着一个信仰，并坚持不懈为之努力，那么，他一定会是一位成功的人。人生就有许多这样的奇迹，看似比登天还难的事，有时轻而易举就可以做到，其中的差别就在于非凡的信念。而一百次的心动如果没有一次行动，就是一百次的失望，一百次的心动不如一次行动。

有信仰的人绝不会陷入迷茫中，只有树立明确的人生目标，你的工作和生活才更有动力。

一个伟大的人，总有着不平凡的梦想。我们熟知的乔布斯就是个从不放弃梦想的人。而他的梦想就是改变世界。

对乔布斯来说，正是要改变世界的这一梦想，让他带领着苹果创造了一个个的奇迹。首先是 Apple Ⅱ、iMac，然后是 iPod、iPhone、iPad。而这每一个奇迹都曾让乔布斯欣喜无比。虽然在追求梦想这一路上，乔布斯也走得十分曲折，甚至曾经被自己所开创的公司遗弃。但没有风浪，就不能显示帆的本色；没有曲折，就无法品味人生的乐趣。正如他自己所说的，"我非常幸运，因为我在很早的时候就找到了我真爱的东西。"

乔布斯之所以能创造出这么多个奇迹，这一切皆因为他不曾放弃自己的梦想，并终其一生都在为自己的梦想奋斗。人的生命有尽时，而梦想却可以永驻。我们的梦想可以很平凡，但只要有梦想，有奋斗的目标，你就会是快乐而充实的。信仰具有无穷的力量、只要你追随自己的内心，你就会发现，你的生命被赋予了更高的意义，你也不再消磨光阴，而是让时间闪闪发光。

为此，我们要做到以下三点：

1. 拥有一个积极的、崇高的信仰

信仰的力量是伟大的，只有怀抱信仰，才会拥有希望。《肖申克的救赎》里说："恐惧让你沦为囚犯，希望让你重获自由。"在心底坚守希望，怀抱信仰，你就拥有无穷的力量。

2. 立即行动，不要拖延

布莱德雷曾说："习惯性拖延的人常常也是制造诸多借口与托辞

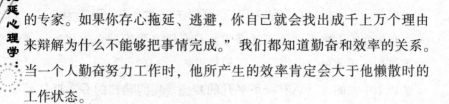

的专家。如果你存心拖延、逃避，你自己就会找出成千上万个理由来辩解为什么不能够把事情完成。"我们都知道勤奋和效率的关系。当一个人勤奋努力工作时，他所产生的效率肯定会大于他懒散时的工作状态。

3. 做事要有条理有秩序，不可急躁

急躁是很多人的通病，但任何一件事，从计划到实现的阶段，总有一段所谓时机的存在，也就是需要一些时间让它自然成熟。假如过于急躁而不等待，经常就会遭到破坏性情绪的阻碍。因此，无论如何，我们都要有耐心，压抑那股焦急不安的情绪，才不愧是真正的智者。

总之，行动是治愈恐惧的良药，而犹豫、拖延会不断滋养恐惧之心。信仰的实现靠的是行动，而不是没有价值的拖延。

不思进取而满足现状

我们都知道，很多机器的运行都需要动力的推动作用，比如，火箭升天、汽车行驶等，我们日常的工作和生活也是如此。不知你是否曾思考过这样的问题：我为什么要工作？为什么要干事业？大部分人的回答是"养家糊口""买房买车"，也有一些人提出了更高层面的意义——"实现自身价值"。很明显，这都是我们工作的动力。

那么，一个人如果缺乏动力呢？不难想象，这是一个不思进取

的人的状态。他来上班就是为了坐等下班，为了每月的薪水，工作中上级交代的任务，会一再拖延，因为在他看来，今天完成和明天没有分别。当你问他有什么目标和梦想时，他的回答是："目标和梦想能当饭吃吗？"这是一种多么糟糕的人生和工作态度。我们也不难想象，缺乏工作动力的人不会有大的成就。

我们也常常听到一些庸庸碌碌的人感叹命运的不好，他们总习惯于把自己的艰难归咎于命运，事实上，世上真正的救世主不是别人，正是他们自己。他们完全可以摆脱消极的想法，成为一个积极向上的人，在工作中培养自己的热忱，找到自己的目标，那么，他们就能为现在的自己做一个准确的定位。现在在一家外企做人力资源主管的乔治的一次经历，或许可以给我们一些启示。

我刚应聘到这家公司供职时，曾接受过一次别开生面的强化训练。

那是在青岛的海滨度假村，我和同伴沉浸在舒缓的轻音乐声里，指导老师发给每人一张16开的白纸和一支圆珠笔。这时，主训师已在一面书写板上画了一个大大的心形图案，并在图案里面写上了三个字：我无法……

然后，要求每个成员在自己画好的心形图案里至少写出三句"我无法做到的……我无法实现的……我无法完成的……"，再反复大声地读给自己、读给周围的伙伴听。

我很快写出三条：

我无法孝敬年迈的父母！

我无法实现梦寐以求的人生理想！

我无法兑现诸多美好的愿望！

接着，我就大声地读了起来，越读越无奈，越读越悲哀，越读越迷茫……在已变得有些苍凉的音乐里，我竟备感压抑和委屈，泪眼模糊起来。

就在这时，主训师却把写字板上的"我无法"改成了"我不要"，并要求每位成员把自己原来所有的"我无法"三个字划掉，全改成"我不要"，继续读。

于是，我又接着反复地读下去：

我不要孝敬年迈的父母！

我不要实现梦寐以求的人生理想！

我不要兑现诸多美好的愿望！

结果，越读越别扭，越读越不对劲儿，越读越感到自责和警醒……

在轰然响起的《命运交响曲》里，我终于觉悟：我原来所谓的许多"我无法……"其实是自己"不要"啊！

而此时，主训师又把"我不要"改成了"我一定要"，同样要求每位成员把各自的所有"我不要"三个字划掉，全改成"我一定要"，继续读。

我一定要孝敬年迈的父母！

我一定会实现梦寐以求的人生理想！

我一定要兑现诸多美好的愿望！

越读越起劲儿，越读越振奋，越读越有一种顿悟后的紧迫感……在悠然响起的激荡人心的歌曲里，我豪情满怀，忽然有一种天高路远跃跃欲试的感觉和欲望。

真正改变人生的，往往就是我们的态度。不思进取，最后也只能平庸。

英国新闻界的风云人物，伦敦《泰晤士报》的老板莱斯勒夫爵士，在刚进入该报时，不满足于90英镑周薪的待遇。经过不懈的努力，当《每日邮报》已为他所拥有的时候，他又把收买《泰晤士报》作为自己的努力方向，最后他终于如愿以偿。

莱斯勒夫一直看不起生平无大志的人，他曾对一个服务刚满三个月的助理编辑说："你满意你现在的职位吗？你满足你现在每周50磅的周薪金吗？"当那位职员答复已觉得满意的时候，他马上把他开除，并很失望地说："你应了解，我不希望我的员工对每周50磅的薪金就感到满足，并为此放弃自己的追求。"

那些拖延者之所以没有大的成就，就是因为他们太容易满足而不求进取，他们参与工作只是争取获得足够解决温饱的薪金。要知道，不甘于平庸，变得优秀，成为卓越者，就可以把事情做到最好。据社会学专家预测，未来的社会将变成一个复杂的、充满不确定性的高风险社会，如果人类自由行动的能力总在不断增强，那么不确定性也会不断增大。你应该意识到，各种变化已经在你身边悄然出现，勇敢地投身于其中的人也越来越多，而如果你还没被惊醒，不积极行动起来，缺乏竞争意识、忧患意识，安于现状，不思进取，就会被时代抛弃，被那些敢于冒险的人远远甩在后面。

在我们工作的周围，为什么有些人受人敬重，有些人却被人看不起？前者是因为他们有野心，凡事努力；而后者，是因为他们得过且过，总是拖拖拉拉，即使掉在队伍后面，也不奋起直追，这就注定了这类人无法成大事。有野心，是一种积极向上的心态，它为人们创造了一种前进的动力。在很多时候，成功的主要障碍，不是能力的大小，而是我们的心态。

总之，每个人都应该明白，最大的危险不在于别人，而在于自身。如果你总是意志消沉、不思进取，那么，即使曾经的你有再大的雄心和再多的勇气也会被抹杀，而一生碌碌无为。我们绝不能甘于平庸，要为自己的人生负责，做与众不同的人，你才有可能触及理想与幸福。

第四章　自我超限：
其实你不需要向完美低头

完美主义与拖延之间存在着紧密的联系。通常情况下，完美主义者可以分为积极完美主义者和消极完美主义者，积极完美主义者会想方设法让事情趋于理想状态，而消极完美主义者则会采用拖拉的方式来逃避可能会面临的失败。

你的缺点就是太过完美主义

一个人身上总会出现一些个体特征明显的问题，比如强迫症、洁癖等，这些典型的问题会影响到这个人的一言一行。当然，比起许多其他问题，我们似乎对"完美主义"趋于好感。甚至，有些人无不得意地逢人便说："我这个人呢，唯一的缺点就是太过于完美主义。"事实上，这些人根本不了解什么是真正的完美主义。

完美主义，准确地说体现在两个方面：完美主义的努力和完美主义的担忧，也可以理解为积极的完美主义和消极的完美主义。积极的完美主义，主要是严格的自律和高职业道德；消极的完美主义，则代表了过度自我批评以及满足感的缺失。从古至今，有许多成功的人士，他们大多属于积极的完美主义者，追求完美，但这份对完美的渴求并没有成为他们成功路上的障碍。

积极的完美主义，对人和事都有一定的正面促进作用。这一类型的人，一旦定下目标，就会坚持下去，对事情的要求永远希望做到尽善尽美，他们会更多地关注事情不好的一面，然后努力去弥补事情的不足之处，从而促成整件事情的顺利结束。当然，在做事情的过程中，他们对完美的追求不会影响到事情本身。

然而，消极的完美主义者，却因太过于追求细节、追求完美而导致做事效率低下，甚至会养成拖延的习惯。这一类的完美主义伴随着内心的焦虑，他们通常会以为自己再好也不够好，一种对卓越的完美追求，导致他们缺失了"自我关怀"。人们或许难以想象消极完美主义的破坏性有多么严重，通过大量研究发现，消极完美主义者和自杀之间存在危险的相关性。他们不会在冲动之下做事情，总是小心行事，善于计划，因此，一旦他们下决心结束生命，他们典型的性格特征会让自杀更容易成功。

消极的完美主义还容易导致抑郁症，现实生活中的诸多压力对于抑郁症的影响，会随着人们追求完美的程度的提高而加剧。简单地说，就是如果一个人常常去关注事情违背其愿望发展的那一方面，那情绪就会常常遭受打击，从而加剧抑郁症的发作。

很多人并没有意识到消极的完美主义的破坏力，他们更多地希望完美主义可以帮助自己实现成功，但真相并不是这样。因为从一开始就阻碍人们的正是那些对失败的恐惧、对无法达到自己预期的恐惧，在这样的情况下，大部分人会通过不良的应对机制来面对压力，也就是尽可能地回避。比如，一个成绩平平的人，他对于自己能否考出优异的成绩并没有太大的焦虑感，根源在于他认为自己没办法完美地完成任何事，于是选择了不去尝试。而且，在做事过程中，他往往会由于小挫折，或者害怕犯错而感到焦虑，从而影响进一步完成任务。过度的完美主义情结，让完美主义者对自己有着几乎不可能达到的高标准，以至于即使在旁人看来他们已经很成功，但是他们依然没办法感到快乐。

完美主义者身上有太多的标签，如果在一个人身上出现了大部分的个性化标签，那么表示这个人追求完美主义已经开始走向消极的一面了。

1. 做得不好是能力不足

人们做事时难免会做得不好或犯错，正是因为有了错误，我们才能在经验中学习和成长。不过完美主义者并不会这样想。在他们看来，假如自己一件事做得不好，那就表示自己能力方面有些许不足。哪怕是一点点小挫折也会带给他们强烈的挫败感，如果是遭遇大的难题则会让他们作出严厉的自我批判。

2. 即使成功了也没多少喜悦

对完美主义者而言，不管自己赢得了怎样的成就，也依然不习惯去庆祝成功的结果。即使别人已经觉得很成功了，他们也还是会看到其中的瑕疵。当人们在为他们庆祝成功时，他们总会自我检讨说"我应该会做得更好的""还是怪我这里没考虑到，否则现在的结果应该更好"。

3. 感受不到自我价值

完美主义者经常感受不到自我价值，从来不会因为"我是谁"而感到骄傲。通常他们的自我价值来源于自己做了什么，完成了多少事情。不过，令人奇怪的是，即便他们成功地完成了很多事情，他们也依然不觉得自己成功一小步或一大步了。

4. 对他人严格苛求

完美主义者不仅对自己要求严格，同时也会对他人提出非常严苛的要求。这些不切实际的期望，以及他们对别人提出的严格要求，常常会影响他们人际关系的和谐。

5. 伴随诸多心理问题

一个完美主义者，心理上通常存在各种亚健康问题，比如强迫官能症、神经性进食障碍、抑郁症等。若是抑郁症加重，还会产生自杀倾向。

6. 从不做没有把握的事情

完美主义者虽然表面上看起来处处追求尽善尽美，但事实上，大部分的完美主义者对自己不擅长的领域完全没什么兴致。他们喜欢展示擅长的一方面，或者在感兴趣的领域中发展，从而拒绝做没有把握的事情。平日里他们也会喜欢选择挑战性较低的事情来增加成功的可能性，但若是挑战新的领域，则会让他们感到苦恼。

7. 对生活感到不满

完美主义者对失败的恐惧感以及对未来的焦虑感，让他们往往对自己的生活感到不满。一个典型的完美主义者，平日里看起来并不是很快乐。若是现实生活中压力比较小，他们的表现往往比较可观，一旦生活压力比较大，他们就会表现出对生活的严重不满。

8. 做事效率很低

生活中，那些积极性强的人往往很努力，而且做事效率很高。但对于典型的完美主义者而言，他们非常纠结一件事情的完成。一个有着完美主义的编辑，一篇稿子改了无数次依然觉得不满意，一件工作做了很多天依旧觉得不够好。由于过分追求完美，所以他们做事效率比较低。

9. 需要大量的时间和精力

完美主义者往往需要大量的时间和精力，以此来掩饰自己的不完美。他们内心十分害怕受到来自别人的批判，为了避免这样的评价，他们会尽可能维持一个各方面都不错的形象。

10. 常常感到烦躁不安

完美主义者，由于对自己和他人有过高的要求，而事实上自己很多时候并不能达到高期望，且他人也会因各种情况无法达到高标准，所以他们常常感到烦躁不安。

什么样的完美主义者会拖延

完美主义会导致拖延，但不是所有的完美主义者都会拖延。

心理学家对完美主义者进行了研究之后，认为可以把他们分成两类，一种是适应型的，一种是适应不良型的。

适应型完美主义者对自己要求非常高，他们很自信，认为自己能达到要求。他们一般能够实现自己的目标，仿佛优秀是天生的。适应不良型完美主义者对自己要求也非常高，可他们却不那么自信，他们的表现和对自身的要求之间有一定的差距，因此他们常常自责，更容易陷入消沉的情绪。

拖延常常发生在适应不良型完美主义者身上。因为事事都想表现得很优秀，定下的目标常常难以企及。可他们认为自己能做到。当他们发现无法实现这个要求的时候，就会变得手足无措。于是带着失望开始拖延，在现实中开始退缩。

盖瑞是个自由职业者，他替人管理和设计网站。他总是希望自己做事又快又好，可他却经常拖拖拉拉，总是在最后期限才完成工作。他对自己的评价是："我做事情，常常半途而废，要是不得不做完，我就在最后一刻应付了事，可我怎么能是完美主义者呢？"

像盖瑞一样，很多适应不良型完美主义者毫不自知。他们只看到自己平时表现欠佳，而不知道自己的内心一直都有一个高标准，而且在高标准和差表现的差距中，变得开始拖延。

心理学家戴维·伯恩斯指出，那些取得很高成就的人并不是完美主义者。那些异常成功的大商人、得过诺贝尔奖的科学家、拿了世界冠军的运动员，都知道自己有时候会失误，因此就算经受了挫折，他们最多也就是难过一两天。经过短暂的调整之后，他们还会为了远大的目标而奋斗。他们能够正视自己的挫折和失误。失望是短暂的，他们相信自己还能继续前进。

拖延者往往是那些适应不良型的完美主义者。他们给自己制定的目标太高，超过了现实。比如：一个多年没有锻炼过身体的人，想要花一个月的时间重塑自己的体形；一个从来没有接触过日语的人，想在一个月之内就学好日语；一个刚入职的销售员，想要每个电话都能促成一单生意；一个刚刚开始写作的人，希望第一部手稿就是畅销书……这些不切实际的目标，很快就成了他们坚持下去的阻力，因为他们发现自己根本做不到。

我们为自己确立目标，为的是激励自己前进，而不是为了阻碍自己。要克服这种拖延非常容易，只要针对两点做出调整就能见效。

第一，制定一个切合实际、现实可行的目标非常重要。如果你是一个适应不良型的完美主义者，那么，在制定目标的时候，你需要问自己，到底是为了让自己前进，还是为了让自己沮丧和失望？虽然不是高标准造成了你的拖延，但如果你的表现跟高标准差距太大，你就会在这个巨大的差距下变得拖延，也是由于这个原因，你成了一个适应不良型的完美主义者。

第二，衡量自己的表现不能过于苛刻。适应不良型完美主义者常常对自己的评价过低，因为他们非常容易把表现和自我价值等同，这二者并不是完全相等的关系。适应不良型完美主义者被自己的高标准和严苛的评价给绑架了，他们没有在完美主义的道路上成功，而是在完美主义的道路上陷入了失望和困苦，他们没有走上前进的道路，而是为拖延开了道。

是什么信念让完美主义者拖延

完美主义者（适应不良型，以下均指此类型）钟爱一些信念，在这些信念的指挥下，他们非常容易拖延。

第一，"平庸被人看不起"。

完美主义者想要事事都出色，如果自己表现平平，那简直没法接受。他们希望自己事业发展顺利、人际关系和谐、写一手好字、能做一桌好菜……如果在日常生活中，希望自己时时刻刻都能表现出色，那么跟自己的高要求比起来，没有几件事情不是平庸的。一般的表现在他们看来非常难以容忍，因此他们总是通过拖延，让自己找到安慰。错误和失策就可以被这样掩盖了："我表现一般，因为时间不够。"他们相信只要时间足够，表现就能达到理想的要求。完美主义者在这个借口中找到了自我安慰，让自己不会小看自己。

第二，"优秀的人不需要努力"。

完美主义者的信条是，真正出色的人，干什么事情都不用花费太多精力。再难的事情，都能轻而易举完成；任何决定都能迅速做出来；学习任何事情都该如同享受一般轻松……如果一件事情要耗费太多时间和精力，就会让他感到自卑。如果他是一个理科生，他会说："要是我不能迅速把这道题解出来，我就觉得自己太笨了。我那么聪明，而且那些概念和公式都在我的脑子里，如果无法很快把这道题做出来，我会很难过，我真不想坐在书桌前了，还是去玩玩电子游戏好了。"

当面对无法一下子就完成的任务时，他们就会停止努力。如果有件事情让他们必须付出艰辛的努力，他们就会对自己感到失望，想用拖延的办法逃避努力。他们坚信优秀的人不需要努力，他们渴望聪明，反而变得无知。

第三，"任何事情都要独立完成"。

他们认为求助就等于软弱，什么事情都要靠自己的力量来完成。他们不会承认自己不知道答案，更不会依据情况做出选择，他们不明白一个人不可能什么都做得了，更不懂得合作的乐趣。他们宁可孤独地奋斗，也不愿意求人帮忙。总之，他们认为不求助是光荣，一个人独立完成是骄傲。在可耻的软弱的威逼之下，他们的负担越来越重，最后只能用拖延的办法让自己喘口气。每件事都独自完成的信条，将他们一步步逼到了拖延的绝路上。

第四，"找到一个正确办法解决问题是我的责任"。

完美主义者非常确信，每个问题都有一个正确的解决方法，他们肩负着找到这个方法的责任。他们在找到正确的方法之前，不想承担责任，更不会行动。为了避免做出错误的决定，他们干脆什么也不做。他们害怕错误的决定会让他人看扁了自己，更无法忍受自己的懊悔和自责。

他们仿佛把自己看成是无所不知的，他们天真地以为自己什么都能看透。很多人都幻想着自己能知道所有的事情，能像诸葛亮那

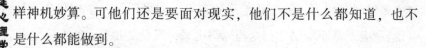

样神机妙算。可他们还是要面对现实，他们不是什么都知道，也不是什么都能做到。

第五，"我无法忍受输给别人"。

很多完美主义的拖延者给人的印象都是不喜欢竞争，从不争强好胜的。他们并非真的讨厌竞争，而是害怕在竞争中失败。因此在需要竞争的工作中，他们总是拖延，这样一来，他们就可以以讨厌竞争的表现来掩盖事实了。

完美主义者知道，有竞争，就有可能失败，可他们却不能接受失败，因为那意味着他们太没用了。他们没有对竞争全力以赴，因为他们已经感觉到可能会失败。他们的内心始终认为，要是自己努力，就能赢。就像论文没有通过的外国学生说："因为我用的不是母语，并不是我不会写论文。"

第六，"不是全部，就是没有"。

在拖延者的世界里，只有这两种情况。不是全都做到了，就是一事无成。他们似乎感觉不到自己离目标越来越近。哪怕已经完成了99%，只要还没有完成，对他们来说就是零。

完美主义者会这样说："不是黄金就是垃圾。"从这句话我们可以理解，为什么在到达终点之前，他们会因为失望而放弃任何努力。因为在他们看来，没到达终点，就等于一步也没有前进。

在这种观念之下，我们也能理解为什么完美主义者的目标总是那么高，因为他们想一下把所有事情都做好，如果不是全部，他们就觉得什么也没有。

约瑟夫想要去健身中心锻炼身体，他的目标是每天都去。其实，去年他就在一家健身中心办了会员卡，可是他一次也没有去过。人们费了一番口舌才让他相信每天都去健身是不现实的，他才把目标改为每周去三次。在他做出决定的那一周，他去了两次。为此，他难过极了。他觉得自己还是没有做到。

约瑟夫看不到自己一周去两次已经比去年进步了一大截的事实，还是认为自己什么也没有做成。因此他很难过。这就是一个完美主义者对自我判断的苛刻。

很多事情在"不是全部，就是没有"的态度下显得糟糕极了。没有达成设定的目标；没有按照计划做事；事情只完成了80%，而不知百分之百；等等。

对于这类人而言，如果只有完美才能讨得你的欢心，那么你注定要失望。追求完美就像是追逐地平线一样，无论你怎么拼命跑，它都在你的眼前，而你却无法到达。从这些完美主义的信条来看，你是时候抛弃它们了，唯有逃脱这个噩梦，才能脚踏实地地逐渐走出拖延的怪圈。

"被完美"的小孩都是完美主义的牺牲品

完美主义是一种较为典型的性格特征，通常会给人留下十分深刻的印象。完美主义根植于完美主义情结，那么这种情结又是怎么产生的呢？形成这种性格特点的原因既有先天因素又有后天因素，在后天因素中家庭环境对人的影响最大。

研究表明，如果在一个家庭中，父母是完美主义者，子女成为完美主义者的可能性就会很大，从这个层面上来看，"被完美"的小孩都有可能成为完美的牺牲品。其中四种教养方式是子女形成完美主义人格的诱因：一是要求过于严格，经常粗暴地指责子女；二是期望与标准极高，常常间接指责子女；三是对子女缺乏认同，只有子女达到自己的标准才能给予认可、爱和关怀；四是以完美主义的做事风格为子女树立榜样。

在这样家庭环境中长大的孩子由于经常受到批评、指责、拒绝、威胁、强迫，就会变得缺乏安全感，逆反心理严重，对自己和他人都会有攻击性行为，即使他们对严厉的要求感到反感，有时还会产生抵触情绪，但是在成长过程中早已把高标准的要求内化，形成了自我捆绑的心理模式，会自发地强迫自己向完美靠拢，如果发现达到完美的标准有诸多困难，就会用拖延时间的方式来延缓压力和痛苦。

珍妮的母亲是个控制欲很强的人，她事事追求完美，一心想培养出最优秀的孩子。珍妮很小的时候就被强迫去做各种课外练习，母亲时时督促她学习，只要做错一道题就会受到严厉斥责，在发怒的母亲面前她就像无助的小动物一样瑟瑟发抖。珍妮小时候长得很瘦小，声音也是低低的，没有直接反抗的勇气，拖延就成了她对抗母亲唯一的方式。无论母亲让她做什么，她都故意拖着不做，即使被迫要去做什么事也总是拖到最后。

珍妮对母亲没有一点亲近感，每次见到母亲她都感到害怕，幼小的心灵里充满了恐惧，有时她也感到愤怒，想摆脱母亲专横的控制，于是编造各种理由和母亲作对。比如放学后她故意不坐校车回家，在外面玩痛快了才让母亲来接，谎说因为学习任务太多忘记了时间。母亲不相信她，校车司机也把她看成爱撒谎、喜欢拖延时间的坏孩子。

在内心深处，珍妮对外界的控制有着本能的反感，她讨厌别人给她布置任务，更厌恶所谓的"最后期限"。学生时代她已经以不按时交作业为乐，目的在于摆脱控制感。工作以后从事律师行业的她差点因为拖延症毁了自己的职业生涯，她因为迟迟没有把一个案子的材料交给法官，被认为藐视法庭，律师资格证被吊销了，还被加罚了一万美金。

后来珍妮转行成了一名培训机构的行政人员，她的心理产生了更加微妙复杂的变化，她拖延工作已经不再是为了摆脱控制感那么简单了，她很想做好自己的工作，而且想要做到尽善尽美，可是她总担心达不到老板的要求，就仿佛幼年时代担心自己达不到母亲的要求一样，于是她放慢了脚步，为了把工作做得滴水不漏，使每个细节都变得完美，她耗尽了心力，可是堆积的工作却总是做不完。她不愿意承认自己已经变成了幼时刻骨痛恨的那类人——苛刻的完美主义者，可事实却给了她迎头一击。

拖延起初是珍妮反抗母亲的小把戏，她用这种不配合的方式来摆脱母亲的控制感，消极抵抗的方式是幼小无助的珍妮在"强迫关系"中所能采用的最直接的策略。长大后她对所有的"强迫关系"和最后期限的要求都表现得分外抗拒，但这不是她拖延工作的唯一动机，无论她是否愿意承认，自己已然变成了地地道道的完美主义者。在母亲的影响下她形成了完美主义的人格，苛求自己把工作做得绝对完美，因此向完美主义的深渊更进了一步。我们知道人的早年经历，尤其是童年经历会对我们的人格塑造以及人生观、价值观的形成产生十分深远的影响，被完美主义者抚养长大的孩子很容易成为人格障碍的高危人群。如果我们不幸被完美主义绑架，成为了严重的拖延者，必须摆脱童年的阴影，才能解放自己的灵魂，那么具体要怎么做呢？

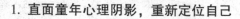

1. 直面童年心理阴影，重新定位自己

如果你有一个破碎的童年，在回首往事的时候，难免会给自己贴上受害者的标签，把自己描述成一个不被认可、不被关爱的可怜孩子，于是产生自怜自伤的情绪，这种想法会让你永远活在童年的阴影之下。但是，逃避或者扮演受害者的角色，都不能让你真正解脱，只有直面童年时代的痛苦，你才有机会消化这种痛苦，从而让心头的阴影飘然散去。

摆脱童年阴影，需要你穿越时空和童年的自己交谈，然后重新定位自己。想象一下童年时代的场景，还原其中的每一个细节，身临其境地安慰那个受了委屈的孩子，对那时的自己说，一切的伤痛已经成为过去，现在自己已经成了命运的主人，而不再是个可怜的受害者，告诉自己擦干眼泪、鼓足勇气重新生活，路就在脚下。

2. 要认识到指责不能改变任何事情

指责虽然可以使你发泄愤怒和不满，让你暂时获得某种道义上的力量，可是并不能改变任何事情。指责的一方似乎代表着正义，可以理直气壮地让别人为自己的行为埋单，比如完美主义拖延者在工作失误后，把一切的原因归咎在父母身上，认定是父母错误的教育方式毁掉了自己的一生，而作为受害者，他们无须为自己的行为承担任何责任。这样做没有任何意义，因为就算父母要为自己的教育方式担负大部分责任，可是木已成舟，怨恨父母并不能改变什么。

父母不是完人，他们会犯错误，可能无意中给你带来了各种直接或间接的伤害，怨恨和指责不能抚平心灵的创口，原谅和理解才是治愈一切伤痛的良药，已经长大成人的你不再是那个无助又无辜的孩子。跳出那个角色吧，原谅父母，也原谅那个不完美的自己，承担起一个成年人应该承担的责任，努力让自己变成一个更美好的人吧。

3. 接受发生在自己身上的事情，放下心灵的包袱

时光不可能倒流，事件也不可能发生逆转，发生的已经发生了，无论你做什么事情都不能改写自己童年的历史。有的人之所以放不下过往，很大程度上是因为不解、不甘、不服，他们不明白为什么自己美好的童年会被践踏和毁掉，于是不停地质问命运，可惜没有人能够给出答案，这是道无解的方程式，探究下去也不可能有结果。很多事件都是随机发生的，它们不是预先排练的结果，不能反映任何人的意志，不甘不服又能如何呢？

完美主义拖延者总是不能接受自己残破的童年，认为自己的童年本该是另一番样子，自己应该得到父母无条件的关爱，像其他幸运的孩子那样被视作娇嫩的幼苗，在和谐健康的家庭里快乐地长大。可是愿望毕竟只是愿望，人生不是可以随时修改的剧本，你也不可能像《蝴蝶效应》里的主角那样有能力回到过去不停地修改自己的命运。接受事实吧，无论它是什么样子，接受它，你才能放弃无谓的挣扎，继续向前看。每个人都要经历成长之痛，也都有消化痛苦的能力，就像海洋有自我净化的能力一样，尝试着接受曾经的自己以及现在的自己，放开所有的烦恼，就像放开手中沙，风会带走一切尘埃，而你将以崭新的面貌走向明天。

残缺也是一种美

车尔尼雪夫斯基说："既然太阳也有黑点，人世间的事情就不可能没有缺陷。"霍金也说："不完美是宇宙间的基本定律。"那么人类为什么要执着地追求完美呢？真实的世界，缺憾无处不在，阳光

普照大地，必然有阴影的存在，我们不可能完全消灭瑕疵，万事万物都有它存在的合理性。

完美主义者追求没有缺憾的完满人生，岂不知连童话故事都没有忽略各种不完美的因素，辛德瑞拉在华丽变身之前，只是一个孤苦无依的灰姑娘，靠着魔法的帮助才有了南瓜马车和水晶鞋。完美的故事是无比乏味的，人生也是如此，如果你的成长经历没有任何曲折，那么你不可能在失去中学会珍惜，也不可能明白生命中的点滴幸福都是一种恩赐。

史铁生说："我常以为是丑女造就了美人，我常以为是愚氓举出了智者，我常以为是懦夫衬照了英雄，我常以为是众生度化了佛祖。"是瑕疵造就了永恒的完美，它使世间万物，包括我们人类呈现出了万千百态的差别，让美好的事物大放异彩，所以可以毫不夸张地说，不完美的世界比完美本身更为合理，因为残缺其实也是一种美。

有这样一则故事：有个人偶然拾到了一颗硕大的珍珠，它光彩夺目、剔透美丽，可惜上面有个小小的瑕疵，他觉得非常遗憾，于是就想如果能把这个瑕疵去掉就好了，这样珍珠就变得完美无瑕了。他开始用工具刮磨珍珠表面，刮掉了一层珠粉，瑕疵还在，他狠狠心又刮去了一层，瑕疵还是没有被刮掉。他不甘心，刮去了一层又一层，终于把瑕疵除去了，而珍珠也不复存在了。这个人由于伤心过度卧病不起，弥留之际懊悔地对家人说："如果不介意上面的那个小小的瑕疵，我现在手里还有一颗又大又美丽的珍珠啊！"

其实每个人手里都攥着一颗美丽硕大的珍珠，只是我们对上面的瑕疵太过计较，以致遗失了它。事实上，只有在不完美中我们才能找准自己的人生定位，我们常常把时间浪费在去除珍珠的瑕疵上，却忽略了缺憾本身的价值。当我们幻想着把手中的工作打磨成巧夺天工的艺术品时，就已经陷入了完美主义的误区。我们在珍珠的瑕疵上耽搁了多少时间，错过了多少机遇，又延误了多少工作？其实瑕疵本是珍珠的一部分，如果能够善加利用，它也能为我们的人生添加亮色。

　　有一个孩子，在读中学时，父母希望他能成为一个文学家，于是开始为他铺设文学的道路，他用功地学习写作，一个学期之后，老师为他写下了这样的评语：该生学习用功，但过分拘泥、刻板，这样的人即使有着无可指摘的完美品德，也不可能在文学上有任何造诣。父母知道孩子不是当大文豪的料，就让他改学油画，可是他根本没有绘画才能，构图能力差，对色彩也没有强烈的感知能力，对艺术简直一窍不通，他的成绩在班级排在最末，学校给出的评语更为尖酸刻薄：该生在绘画艺术方面不可造就。被评为不可雕的朽木之后，很多老师都认为他不可能成才，不愿再培养他。

　　后来一位化学老师对他作出了另一番评价，化学老师认为对其他行业来说，拘泥和死板无疑是很大的缺点，可是在化学领域，需要的正是这种一丝不苟的精神，所以建议他学习化学，父母同意了老师的建议。他好像立刻找到了属于自己的舞台，化学成绩在班级一直名列前茅，后来凭借着在科学界做出的杰出贡献他还荣获了诺贝尔化学奖。这个有传奇成长经历的孩子就是大名鼎鼎的化学家奥托·瓦拉赫。

　　在文学和艺术领域不可造就的奥托·瓦拉赫，后来成为了前程远大的化学天才，他还是原来的他，只是对待自己的看法改变了。这说明以宽容的心态看待不完美，可以使我们走得更远。

缺憾和不完美是生命的常态。有人甚至说，身体上的不完美成就了霍金，我们先不要理会这种观点是否偏颇，总之不完美没有束缚他的智慧，我们为什么要因为自身的不完美而抱憾呢？那么我们应该怎样才能做到完全接纳自己的不完美呢？

1. 不要以非黑即白的眼光看待问题

完美主义者看待问题比较极端，总是用非黑即白的眼光观察世界，看不到过渡的中间地带。所以只要稍有一点偏离他们设定的绝对标准，他们就会采取全盘否定的态度。比如完美主义者要求地板绝对干净，脑海里没有比较干净和有点干净的梯度，只要没有达到一尘不染的标准就是绝对肮脏。对待工作也是一样，只有绝对的好和绝对的坏，存在一点偏差哪怕是合理范围内的误差，即使上司和老板不计较，他们也感到难以忍受。为了让误差降到零，他们坚持慢工出细活，当然拖延就成了家常便饭。

完美主义者要克服完美主义情结，必须放下"非黑即白"的执念，看到事物的灰色过渡地带，允许自己不在两极化方向游走，能平静地接受自己有可能在工作中失误的事实，不再惧怕暴露自身的瑕疵，以一种更为轻松的状态融入工作。

2. 运用自我同情的方式接纳自己

如果你有一个好友，并不是一个十全十美的人，他没有出众的外貌，也没有显赫的社会地位，工作能力也不突出，为此他感到很伤心、很沮丧，你会对他说些什么呢？难道会说"你不是精英，方方面面都不完美，应该感到羞愧"吗？当然不会，你可能会对他说，"没有关系，你不需要出类拔萃、处处高人一等，事实上你有很多可爱之处"。那么就把这个好友换成你自己吧，学会同情正经历挫败的自己，以友善的态度与自己和平共处，从内心深处接纳自己。

3. 学会激励自己，而非谴责自己

绝大多数的人都喜欢在成功的时候犒赏自己，在失败的时候谴责自己。很多拖延者一边愤怒地辱骂着自己，一边拖延着，这样做对改善自己的拖延行为毫无益处。有的人还会把拖延症看成自身的一种重大瑕疵，并为此深感不安；还有的人将其上升为道德问题，认为拖延工作使自己的个人品格变得不完美，由此更加内疚和自责。

自责在一定程度上能释放身体的负能量，但也会给自己带来压力和自毁情绪，事实上，自我谴责不能使我们变得更完美，它只会使我们无法振作，让我们没有精力去招架由拖延带来的各种麻烦和问题。如果我们对自己采取与之相反的态度，学会激励自己和爱护自己，反而有助于我们弥补工作中存在的种种不足，成为更优秀的自己。

完成比完美更重要

我们经常可以看到一些天赋极高的人，总是雄心万丈地宣布要执行一个新计划，然而却鲜少能完成这个计划，原因便在于他们因为自己达不到完美的标准，而感到厌烦、灰心、沮丧，于是选择默默放弃。因此他们留下了很多令人遗憾的"半成品"，我们可以想象，如果他们能顺利"完工"同样会取得了不起的成就。

"完成比完美更重要"是一句很好的格言，完成是完美的先决条件，没有完成何谈完美？为了追求完美而半途而废，或者在截止日期奉上"半成品"的人，把两者的关系本末倒置了。这就好比你要

建造一座大楼，目的在于建成一栋可以投入使用的标准建筑，倘若你过分试图完美地装饰尚未完工的楼宇，导致在规定期限内大楼还不能正常使用，这不是舍本逐末吗？

完美主义拖延者事事追求完美，不做好周全的计划，决不肯迈出一步，即使有了全备的计划，又因为担心自己达不到预期的标准，而以没准备好为由拖延工作，手里积压了很多待处理的工作，就是迟迟不愿行动，结果便是一事无成。

雪莉在夏初时想学游泳，由于对游泳一无所知，她在网络上查找了大量相关信息，通过论坛的帖子总算明白了如何为自己挑选合适的游泳装备，然后她一连几天都在淘宝上浏览游泳装备的商品信息，终于买全了泳衣、泳镜、救生圈等装备。随后她观看了一些有关游泳教学的视频，自己尝试着模仿游泳的姿势。

为了到合适的训练班学习专业的游泳技能，她跑遍了自己附近的游泳馆了解情况，反复权衡比较各个游泳馆的规模、课程、教学水平及基础设施，等到她完全准备充分了，可以正式学习游泳时，夏天已经过去了，秋初时节游泳池的水温太凉，已经不适合游泳了。雪莉用了一整个夏天为游泳积极做准备，却不曾下过一次水，那些游泳装备也不曾派上过用场，直接被锁进了衣柜，而她本人仍旧不会游泳。

列宁曾经说过："要学会游泳，就必须下水。"为什么雪莉如此迫切地想学游泳，却迟迟不肯下水呢？这是她内心的完美主义情结导致的，由于过度追求完美，她一再拖延了学习游泳的计划。这个故事告诉我们，行动与完成比完美更重要。不停地完善计划却永远也无法完成计划的人应该引以为戒，facebook 的一位设计师说，接近成功的关键就是要坚持完成你的计划。是的，没有起点就没有终点，没有过程也不可能有结果，完成是把计划转化成现实的关键，而完美不过是一种情愫。没有完成的东西本身就不能称之为完美，为了追求完美而将计划束之高阁，或者导致计划不能如期完成是非常不明智的。如果完成与完美就像鱼与熊掌一样不可兼得，那么你首先应该学会割舍完美。

有一位年轻人在计算机方面是专长，被公司选派参加由全国计算机协会举办的"希望之星"活动。年轻人得知自己被公司选中后，感到非常荣幸。还有6天就要参加面试了，他为了让自己表现得更出色一些，拟定了为期6天的准备计划。

头两天他利用业余时间搜集了长达数百页的资料，又花了一个晚上的时间将资料分类整理好并打印了出来。第四天晚上他参加了公司临时安排的会议，没有挤出时间来翻看备考资料。第五天晚上，他跟女朋友约会去了，享受了一番花前月下的浪漫，备好的计划又被延迟了一天。第六天晚上，就是面试前的最后一天了，他终于腾出时间来好好备考了，可是看到桌子上足有几百页厚的资料，他吓得呆住了，这么多的资料怎么可能一晚上看完？

这个年轻人在面试前夕废寝忘食地备战，花了一晚上的时间也只看完了三分之二的内容。因为缺乏睡眠，他的精神状态看起来非常糟糕。经朋友提醒他才想起为作自我介绍做准备，第二天早上他匆匆写了一篇草稿，面试时他发挥失常，回答得语无伦次，最后落选了。

有的人在接受一份新的工作任务或者得到一个展现自我的机会时，感到无比兴奋，希望自己有一鸣惊人的表现，每天都在为达到完美的效果而思考和计划着，时间就这样一天天流逝了，拖到临近最后期限才慌忙动手去做，结果完美的方案却不能被完美地实施，甚至连按时完成都难以保证，这就是极端的完美主义导致的后果。

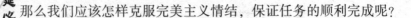

那么我们应该怎样克服完美主义情结，保证任务的顺利完成呢？

1. 采取先完成再完美的做事步骤

把完成当成做事的首要目标，有效利用时间，务必保证工作任务的完成，利用剩余时间检查工作疏漏、修正不完美之处。整个过程就好比作者完成一篇稿子，首要任务是一气呵成，保证按时把稿子写完，其次才是精雕细琢，修改不当的词句，如果把顺序颠倒过来，没完没了地纠结于细枝末节，反反复复修改，根本无法保证稿件的完成，没有写完的稿子根本算不上文章，更谈不上发表了。工作也是一样，没有完工的工作，就出不了成果，那么你所付出的一切努力都是没有价值的。而先完成再完美的做事风格将会使你获得一个相对满意的结果。

2. 不要过于钻牛角尖，停止纠结细节

有的人在接手一个大项目后，因为经常纠结于细节，导致项目延期，给个人信誉和公司带来了双重损失，这是多么不值得啊。然而，有些细节是无关紧要的，它们对目标的实施并不会产生太大影响，为了细节上的完美而拖延项目的进度是不可取的，必须学会站在全局的角度来考虑问题，舍弃不重要的细节，保证整体利益。

3. 预估完成时间，合理分配工作任务

在执行任务的过程中，总会发生一些无法预料的突发事件，面对这种情况，你要有完全的准备，把不可控因素包含在自己的计划之中，重新评估完成工作的时间。创建一份待办事项清单，预计完成时间，把所有事项的所需时间累积相加，再加上处理意外事件所要花费的时间，合理分配工作任务，确保工作如期完成。处理突发事件的时间需要根据以往的经验而定，如果所花费的时间过长，就必须在一定程度上舍弃对完美的追求，因为时间不允许你纠结于完美。

第五章　增强紧迫感：
告别拖延从抗击思维惰性开始

—————————

　　增强紧迫感是戒掉拖延的前提，拖延与懒惰如影随形，拖延的背后是人的惰性在作怪。要战胜拖延就得先从思维上克服惰性。如果惰性一直存在，那么人始终会处于一种空想状态，做什么事情都会觉得"懒得动"。抵抗拖延，就得先从抗击思维惰性开始。

小心潜伏在你大脑里的懒惰因子

拖延并不直接等同于懒惰，但是懒惰是拖延不可忽视的一个重要诱因。通常懒惰的人都有一个共同特征，那便是办事拖沓。你是如何养成懒惰习惯的？梦想被搁浅了吗？曾经的激情也退潮了吗？不知道从什么时候开始，人们莫名其妙地陷入一种"懒惰"的心理漩涡中，明明知道自己很懒，却无法改善，任由其慢慢地发展为"懒癌"。吃饭点外卖，买东西逛淘宝……懒细胞渐渐扩散到全身，能不出门就不出门，能坐着绝不站着，能躺着绝不坐着。懒惰的表现形式多种多样，诸如极端的懒散状态，轻微的犹豫不决。

在现实生活中，大多数人天生懒惰，喜欢逃避工作，即便内心有宏大的目标，也缺乏执行的勇气。在西方，懒惰是七宗罪之一，懒惰的人通常怯懦，缺乏想象力，无责任心。懒惰在人们身上通常表现为：不能愉快地同亲人或他人交谈，尽管他们不希望这样；不能从事自己喜爱做的事；不爱运动；心情也总是不愉快；整天苦思冥想而对周围漠不关心；由于焦虑而不能入睡，睡眠不好；日常生活及其起居极无秩序；不讲卫生；常常迟到；不能专心听别人讲话；不知道生活的目的；不能主动地思考问题；没有时间观念；事情总是想着明天做；明明没做什么事情却老是觉得身心疲惫，打不起精神。

徐艳在生活上非常散漫。下班后她喜欢懒洋洋地躺在床上玩手机，衣服不洗，地板不拖，用过的餐具也不刷，垃圾桶里装满了零食的包装袋她也懒得倒。本来计划多读几本有内涵的好书，每次看到书籍的封面时就放弃了，感觉读书是一件累人的事，还是等到自己有兴致时再去翻看吧。

在工作上，徐艳依旧难以用意志支撑起自己，为自己找了各种借口来拖延工作，比如天气不好、心情不好、晚上没睡好等，总之她有一千个理由放慢自己的脚步，年仅23岁就像一个退休老人一样做什么事都慢腾腾的，没有一点激情和活力。

懒人经常为自己的懒惰行为找各种借口。想要睡懒觉就称自己想闭目养神、养精蓄锐；想要逃避工作就说暂时放松一下神经能使之后的效率更高。养成拖延的恶习之后仍不忘为自己辩护，列举的理由千奇百怪。懒人大都有不劳而获的心理，总想把辛苦的工作排除在自己的生命之外，因此在拖延中浪费了大量的时间。

李碧华曾经创作过一个名为《懒鱼馋灯》的故事，讲述的是黄安的妻子银婴本是一条美丽的银鱼幻化的，她长得白皙水嫩、体态婀娜多姿，为报不啖之恩，嫁给了黄安。黄安对于这个如花似玉的娇妻非常迷恋，而银婴也享尽了宠爱，开始养尊处优起来。

银婴太懒惰了，除了吃和睡，几乎什么也不做，脂肪越积越厚，人越来越胖，黄安渐渐地感到忍无可忍，只是暂时没有发作。银婴贪睡，有时竟能睁眼入梦。婆婆对她的好吃懒做也开始有了微词："门不开，店不守，油瓶推倒了也不扶！"看着别人家的媳妇勤于料理家务，晚上还挑灯纺织，自家的儿媳却像个蛀虫，早晚会把家里吃空，就怂恿儿子休妻。

银婴一点也没察觉出这对母子对自己的厌恶，依旧我行我素，过着慵懒舒适的生活。有一天，黄安把她引到水池边，说她毫无用处，让她回归江海，银婴淌下了眼泪，黄安仍没有心软，将她推入水中。过了几天有人给黄安送来鱼料，是一尾体态丰腴的胖鱼，告诉他这鱼反应迟钝，泳术荒疏，很容易就被擒获了。

黄安认出了这尾懒得逃生的肥鱼便是满身脂肪的银婴，觉得它并非全无用处，于是将其脂膏刮下来，提炼出灯油用来燃灯。这盏灯甚为怪异，每当家中高朋满座，各种美食摆上餐桌时，灯馋了，光焰就分外明亮。每当丈夫和婆婆劳作时，灯就懒洋洋地不愿照明，光线昏暗不明。即使化成了灯油，银婴还是本性不改，想要永生永世懒下去。

懒惰是包括人类在内的一切动物的天性，在漫长的进化史中，人和动物之所以勤奋，大都是为了生存。进入文明社会以后，人类有了更多的追求，但是懒惰的天性仍然保留了下来，懒惰的直接表现形式是拖延或拒绝做苦差事，好逸恶劳，这会左右人的生活和工作状态。

那么，懒惰的根源在于什么呢？

1. 惧怕失败

许多人通过自己的方式来推迟对目标的追求，比如找一份更好的工作。但是他们对自己缺乏信心，担心即便自己去尝试了，也会因能力不足而无法胜任，这样对他们而言是非常难受的，所以，犹豫半天后，他们觉得不去尝试是更好的。

2. 担忧成功

许多人下意识有害怕成功的心理，认为如果自己成功，会潜在地威胁到身边的人。所以，为了避免冲突，他们会选择不继续努力。例如，一个习惯于站在老公背后的女人突然升职加薪了，这让老公面子上挂不住，所以，她放弃了继续努力。

3. 过分依赖

他们渴望被照顾，过度依赖身边人。在很多事情上，他们表现得很没用，这样就会有人过来帮忙做事。比如老婆总念叨不想煮饭的老公"你就是懒"，但还是会帮忙煮饭。老公这样的过分依赖，会使身边的老婆感到厌烦。

4. 对自己期望极低

尽管别人对他们期望很高，但他们为自己定的标准太低。他们没有制订计划的习惯，这样就会有人为来他们制订计划，他们可以趁机表现自己，同时避免承诺，为他们制订计划的人则需要担责。这样的人容易让身边的人遭受指责，自己却免于责任。

5. 懒惰的沟通方式

人们在潜意识里担心冲突，担心直接表达自己的情绪会伤害与他人之间的关系，甚至造成决裂。人们为了避免冲突，往往会把自己的不满意隐藏起来，于是便选择懒惰的方式沟通，而这种懈怠的方式会令人感到厌烦。

6. 需要放松

大多数人以为自己应该全速前进，当身体和大脑停止运转以示抗议时应惩罚自己变得"懒惰"。尽管，人生需要拼搏，但事实上每个人都需要时间放松和休息。

7. 细微抑郁

抑郁包括兴趣丧失、疲惫、快感缺失。有些人以为自己是变"懒"了，但实际上他们可能是抑郁了而自己没发现，因而未得到及时治疗。抑郁的人们通常感到很困。他们对于自己变懒的状态的不满可能加剧他们的抑郁。对自己懒惰的厌恶在抑郁人群中较为普遍。

戒掉懒惰，努力才能成功

戒掉懒惰，努力才有可能成功。在生活中，很多人对未来有一个美好的愿望，但就是拒绝付出努力。那些懒惰的人实际上是在否定自己，是在任由自己的生命一点点变得虚无。懒惰作为一种习惯，浪费掉的是拯救自己的机会，荒废的是比任何东西都宝贵的生命。懒惰是理想的绊脚石，每个人的生命和时间是有限的，我们有多少光阴是因为懒惰而浪费的呢？

在现实生活中，有许多人贪图安逸而不愿意吃苦受累，结果，时间长了，他们就变得懒惰了。懒惰是生活最大的敌人，许多悲剧都是因懒惰而造成的。命运的好坏完全取决于自己，假如我们选择了勤劳，那我们一定可以通过努力得到幸福，即便只有一点点是自己创造出来的，那也是一种幸福；假如你选择了懒惰，那你将终身和不幸、厄运、灾难成为伙伴，永远是一个失败者。

美国底特律有位妇人，名叫珍妮，她原本是一位极为懒惰的妇人。后来，她的丈夫意外去世，家庭的全部负担都落在她一个人身上。她不仅要付房租，而且要抚养两个子女。在这样贫困的环境下，她被迫去为别人做家务。她白天把子女送去上学后，便利用下午时间替别人料理家务。晚上，子女们做功课，她还要做一些杂务。就这样，懒惰的习惯渐渐被克服了。

后来，她发现许多现代妇女外出工作，无瑕整理家务，于是她灵机一动，花了七美元买来清洁用品和印刷传单，为所有需要服务的家庭整理琐碎家务。这项工作需要她付出很大的精力与辛劳，她把料理家务的工作变成了专一技能，后来甚至连大名鼎鼎的麦当劳快餐店也找她代劳。

现在她已经是美国90家家庭服务公司的老板，分公司遍布美国很多个州，雇用的工人多达8万人。

珍妮的成功事例告诉我们，人们的贫穷大多是由于懒惰、贪图安逸、不愿意奋斗而造成的。假如一个人不愿意奋斗，自甘过着贫穷的生活，那他就永远无法摆脱困境，连上帝也没办法拯救他。

有这样一句话："世界上能登上金字塔顶的生物只有两种：一种是鹰，一种是蜗牛。不管是天资奇佳的鹰，还是资质平庸的蜗牛，能登上塔尖，极目四望，俯视万里，都离不开两个字——努力。"若是缺少了勤奋的精神，即便是天资奇佳的雄鹰也只能空振双翅；而若是有了勤奋，即便是行动十分不便的蜗牛也可以俯瞰世界。靠着自己的双手去生活，远比依赖别人要踏实得多。

认真做事，并不是件轻而易举的事情，它需要我们开动脑筋，投入时间和精力。同样是做一件事情，仅仅做完是一种态度，而在做完之后还进行细致的检查则是一种认真的态度。我们在做事的过程中，要一直坚持着这种绝对认真的精神，这样的神采是最容易打动人的。

1. 良好的作息习惯

养成良好的作息习惯，早睡早起，作息规律。很多人都明白，赖床是懒惰之本。最经典的办法——定闹钟。时下有很多创意闹钟，绝对有办法"骚扰"到你起床。

2. 多运动

多运动，锻炼身体。懒人胖子多，对于胖人来说，懒与不运动绝对是"对等"关系。另外，经常的身体锻炼除了可以令人拥有健康的体魄，更能使人保持旺盛的精力，从而与懒惰说不。

3. 时间计划

懒人都有拖拉的习惯，往往抱着"明日复明日"的想法。对此，我们应制订详细的计划，将时间规定好，把事件细分化。例如，规定一个小时内或半个小时内完成某项任务，或者把一件复杂的事情分开几步完成，既能提高效率，又能很好地解决懒惰的心理。

4. 积极暗示

有一些人是因为性格内向、不自信等心理状况而形成了懒惰，从不爱、不敢与人接触交流慢慢发展成习惯性地懒得参与一些公众活动。针对这种情况，我们可以在房间里张贴名言警句，给予自己积极的心理暗示。

5. 需要监督

懒惰的人大多是缺乏自律的，包括一些经验方法或计划，若没有持续的执行能力，还是无法改掉懒惰的毛病。对此，我们可以请自己的家人、同学、朋友、同事等帮着监督自己。

6. 换个环境

有条件的话尝试换个生活环境或打破原有的生活规律。刚上学的孩子为什么懒得上作文补习班却对上游泳班很积极？外出旅行时为什么都能做到早起？主要还是由于周围的环境发生了改变。

调整期望，为自己设定一个期限

不同的人对于工作和生活的期望也会不同，但不可否认的是，这种带有积极意味的期待往往能够消除我们在工作和生活中的消极情绪以及种种心理不适，并从内心深处激发我们对生活和工作的热爱，从而自主自愿地去提高工作效率，改善工作状态。实际上，这种效应就是我们所说的"期望效应"，也称"期望理论"。

所谓"期望效应"，就是指人们之所以能够从事某项工作，并愿意高效率地去完成这项工作，是因为这些工作和组织目标会帮助我们达成自己的目标，满足自己某方面的需求。

有些人为了养家糊口，不得不努力工作以赚取足够的金钱，有些人为了满足自己对地位以及荣誉的需求，所以即便不缺钱，还是会变身"工作狂人"，没日没夜地加班。尽管两类人的需求不同，但同样都是"期望效应"的一种外在表现。

有期待才会有工作动力，有多大的期待就意味着能激发多大的潜能。反之，如果你只满足于衣食无忧，那么一旦达到这个期待点之后，你就会陷入茫然无措的状态，不知道自己该何去何从，也不知道自己未来的道路该如何规划。实际上，这种缺乏期待的状态对于我们自身职业的长期发展来说是非常不利的。浑浑噩噩中时光已经飞逝，当我们醒悟过来时才发现为时已晚。

要想避免在迷茫中荒废时光，我们不妨借助这种"期望效应"来激励自己远离拖延与浑浑噩噩的工作状态，重新回归充满激情与斗志昂扬的奋斗岁月。静下心来仔细思考一下，你想要的究竟是什么？如果你期望拥有和谐幸福的家庭，就必须抽出必要的时间去经营；如果你期望拥有数不清的时富和巨大的成就感，就必须克服工作中的困难和挫折，学会在高压下高效率地工作；如果你期望能够早日升为领导，就需要立即朝着这个方向有意识地努力。

阿展与阿发两兄弟同时创业，做的都是家具行业，但几年时间过去后，两个人取得的成就却是一个天上一个地下。如今，阿展经营的公司已经是集家具制造、销售、加盟为一体的综合性公司，在当地颇有名气；而阿发的家具制造厂还停留在小作坊阶段，只雇用了四五名木工师傅，勉勉强强维持着并不景气的市场。

当初，父亲为了支持兄弟两人创业，给了他们每人5万元的创业启动资金。实事求是地说，两人的创业环境几乎是相同的：没有场地，没有现成的客户，没有经营经验，资金也只有父亲支援的5万元。

刚开始的辛苦自不必多说，兄弟两人都是又当木工师傅，又当销售员、送货员……两年过后，阿展和阿发都形成了比较成熟稳定的"前店后厂"的小作坊经营模式。尽管与那些人老板日进斗金的收益比起来，小作坊的收入实在是极不足道，但与那些普通的上班族相比，显然还是要富裕不少。

阿发是一个小富即安的人，生活已经算得上富足的他对于事业并没有多大期待，只要能够维持现状就好，因此他的经营策略趋于保守。而阿展则恰恰相反，他时常利用闲暇时间去业界知名的家具厂商处进行考察和学习，看着人家的经营模式和时尚新潮的家具产品，阿展心中充满了期待，他希望自己的事业有一天也能达到这样的高度。有了期待就有了奋斗的动力，此后阿展结合自身现状以及实际客观情况，制订了一个严密的发展战略，并始终坚持按照自己的发展规划走，不管遇到怎样的困难，都要雷打不动地完成发展目标。

一年后，阿展的小作坊发展到了20人的规模，其中业务员7名，财务1名，送货员2名，木匠师傅10名。为了拓宽销路，就必须要改善家具品种。光做老样式是没有出路的，于是阿展自掏腰包安排木匠师傅去大型家具厂进修学习，一来学习对方的新式家具制造方法，二来要通过学习提高根据客户需求设计新式家具的能力。很快，阿展生产的新式家具就获得了很好的市场反响，借着这股"东风"，小作坊一跃成为了集家具制造与销售为一体的上市公司。

为什么兄弟俩的创业条件几乎相当，结出的果实却完全不同呢？实际上，这也从侧面验证了"期待效应"。一个没有任何期待的人，是不可能给自己人为设定期限的，没有规划没有目标，其结果必然是得过且过、浑浑噩噩；反之，对未来充满期待的人，内心则往往充满干劲，这不仅能有效克服拖延等不良工作习惯，还能激发人的潜能，大大提高人的工作效率。这也正是阿展获得巨大成功的最关键因素。

人们常说"生活要有奔头"，其实这里所谓的"奔头"就是指"期待"和"希望"。既然"期待效应"能够带来如此大的好处，那岂不是期待越高越好？如果你持有这种想法，就大错特错了。美国著名心理学家和行为科学家维克拖·弗鲁姆在《工作与激励》一书中指出，某一活动对某人的激励力量，取决于他所能得到结果的全部预期价值乘以他认为达成该结果的期望概率。如果期望过高，我们总是无法达到所期望的结果，那么期望所带来的激励效果就会大打折扣；唯有合理的期望值才能有效调动一个人的积极性，并激发出其内在的潜力。

那么，怎样才能找到适合自己的期望值呢？对于不合理的期望值又该如何调整呢？

1. 实事求是地认识自己

在现实生活中，总是有不少自视甚高的人，他们没有做出过任何成绩，却一厢情愿地以为自己怀才不遇。一旦我们对自己的认识过高，那么所期望达成的目标自然也会水涨船高，这样一来，一旦无法达到目标，我们的精神就会遭受沉重的打击。

要想避免这种情况，就必须要实事求是地认识自己，站在一个客观的角度去审视自己的优势和缺点。为了避免认识误差，我们还可以通过征求周围家人、朋友、同事等人的意见来从侧面认识真实的自己。什么马就应该配什么鞍，自己的能力有多少就要给自己设定怎样的目标，只有这样才能避免因期望值过高而受挫。

2. 跳一跳脚要能够得着

如果我们所期望的事情不费吹灰之力就能办到，那么期望值本身的激励效果也就无从谈起了。只有超出平常水平的期望才能激发我们的潜能。在为自己设定期望值和目标时，一定要遵循这样一个原则，即跳一跳脚能够得着。这样既能给潜能的发挥预留出充分的空间，又能避免因期望值过高而无法达到，可谓一举两得。

从某种层面上说，人们对已设定的期限是否可以达到的判断，完全是根据以往的经验进行主观判断。这就要求我们具备一定的估算能力，如果在设定期限时出现过大的误差，往往也会影响"期望激励效应"的正常发挥。

每个阶段有每个阶段的期望值，要想让"期望效应"一直发挥正能量，就必须学会用发展的眼光看问题。上一次顺利达成了目标和期望值，那么这一次的期望值就可以定得稍微高一些；在团体中，如果自己的起点比他人高，那么大家一起制定期望值的时候，可以适当比周围人高一些；假如付出了很多努力还是没能达到之前预定的目标，那么下一次可以考虑适当降低期望值。

期望值的调整是一个长期发展变动的过程，是不可能一蹴而就的。我们本身的工作能力在变化，所处的社会大环境在变化，社会意识形态以及个人的思想等都在变化，唯有将期望值放在这些复杂的现实中，我们所调整的"期望值"和所设定的期限才是有效果、有意义的，因此我们必须谨记这一点。

走出思维的舒适区

俗话说"虱子多了不痒，债多了不愁"。有时候当外在压力过大或者外部环境过于恶劣时，我们往往会失去焦虑感和绝地反击的欲望，反而陷入一种自我安慰和欺骗的"舒适区"。虽然真的有很多迫切需要处理的工作，但这时候的我们竟然没有丝毫紧迫感，反而会

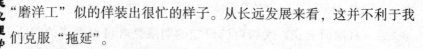

"磨洋工"似的佯装出很忙的样子。从长远发展来看，这并不利于我们克服"拖延"。

这里所说的"舒适区"与"焦虑区"是相对的，这两者都不是什么新概念，早在 1908 年，心理学家罗伯特·M·耶基斯和约翰·D·道森就曾做过一个关于"舒适区"和"最佳焦虑期"的经典心理学试验。试验结果显示：一方面，相对舒适的状态可以使我们的行为处于一个稳定水平，从而获得最佳表现；另一方面，我们仍然需要相对焦虑的状态，即压力略高于普通水平的空间，也就是"最佳焦虑区"。

从专业心理学方面来讲，这里所说的"舒适区"是指活动与行为符合人们的常规模式，能最大限度减少压力和风险的行为空间。从人的自身感受来说，处于"舒适区"能够让我们处于心理安全的状态，能够降低内心焦虑，释放工作压力，且更容易获得寻常的幸福感。"舒适区"固然不错，但我们必须谨记"生于忧患，死于安乐"的古训，如果因为贪图自身的舒适就不思进取，得过且过，那么我们迟早都会被残酷的社会竞争淘汰出局。要想避免"温水煮青蛙"的悲惨命运，就必须远离"舒适区"，到"最优焦虑区"去锻造自己，挑战自己。

"焦虑区"不同于"舒适区"，它处于"舒适区"之外。如果我们无法走出"舒适区"，那么缺少了外界压力的刺激和适度焦虑的推动，我们就往往会陷入"拖延"的行为模式而无法自拔。不过焦虑也并非越多越好，适度的焦虑能够促使我们主动提高自己的工作效率，改善自己的拖延习惯；但如果焦虑过多或过于强调生产力，那么一旦精神压力超过了我们所能承担的负荷，我们的行为表现就会变得很糟糕。所以，在调运自己的舒适与焦虑状态时，一定要懂得

"过犹不及"的道理。

休斯敦大学的研究教授布莱尼·布朗曾在《纽约时报》上发表的一篇文章中讲道："人们能做到的最糟糕的事情之一，就是自以为恐惧和不确定性并不存在。"从人趋利避害的本性来看，没有人愿意主动离开"舒适区"，这就好比在现实生活中没人愿意去干那些又脏又累的活。

一个永远都停留在"舒适区"的人很难取得什么大成就，而且尤其无法承受巨大的外部环境变迁，因为他们惧怕冒险，无力应对不可控因素。在这个瞬息万变的现代社会，停留在"舒适区"是一件极其危险的事情，所以不妨尝试走出"舒适区"，以可控的方式冒点险，挑战一些自己通常做不到的事情，这样我们就能够从中经历某些不确定的东西，并学会如何在"舒适区"之外生活。

周瑞原本是一个极其木讷的程序员，但他摇身一变，竟成了一名十分成功的投资人。朋友们谈起他的职业成长史时可谓赞不绝口，实事求是地说，周瑞本身的职业经历确实是一个值得我们借鉴和学习的传奇。

从某大学的计算机系毕业后，周瑞进入了一家不好不坏的企业，成了一名程序员。尽管编程并不轻松，但随着工作时间的增加，周瑞渐渐从一个生手变成了熟手。由于公司内部的种种人事限制，周瑞根本没有过多的升职空间；限于公司利润，工资也无法再有一个跨度的增长。但他并没有任何危机感和焦虑感，而是整天都生活在"舒适区"内。

人一旦习惯于某个职业环境后，就会出现一种环境依赖症，久而久之就会丧失跳槽或离开的勇气。周瑞也不例外，在这家企业

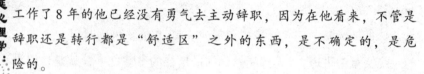

工作了8年的他已经没有勇气去主动辞职，因为在他看来，不管是辞职还是转行都是"舒适区"之外的东西，是不确定的，是危险的。

在现实社会中，绝大多数人都会有周瑞这种心理，且绝大多数人都会在这种自我"舒适区"中渐渐丧失斗志与激情，最终沦为庸庸碌碌之人。幸运的是，周瑞听从了朋友的劝告，并接受了一位朋友关于做投资的邀请。

随后，周瑞开始跟随朋友一起做销售，既有电话销售也有面对面的销售。走出"舒适区"，周瑞发现自己的潜力是如此巨大。在经过两个月的金融销售专业培训后，周瑞开始了自己迈进投资领域的第一步，即销售金融投资类产品。长达8年的编程生涯让原本就不善言辞的周瑞变得更为木讷，职业环境的巨大改变令他内心产生了期持、不安和焦虑，他既希望自己能成为一名优秀的投资人，也对即将到来的销售挑战感到紧张与不安，这也从侧面证实了周瑞正在走出"舒适区"。

瑞士投资银行最年轻的董事兰柏瑞曾在名为《在不确定性的时代寻找确定的个人》的演讲中指出：即使不创业，也要走出"舒适区"，像企业家一样思考。因为只有离开自己的舒适区，我们才会被迫去奋斗，被迫去前进。周瑞离开了具有安全感的"编程"工作，在焦虑与不安的催动下，他开始十分卖力地工作。功夫不负有心人，一年后他不仅练就了出色的口才，还受邀成为了一家金融投资机构的大客户投资经理。

回想起自己的职业经历，周瑞感慨万千，并颇有感触地说道："如果当时我拒绝了朋友转战投资行业的邀请，那么今天的我还将是几年前那个木讷无比的程序员。"

贪恋"舒适区"只会让我们不思进取、原地踏步；而如果想突破现有的工作瓶颈，真正做出一番大事业，就必须果断离开"舒适区"，积极主动地走进"焦虑区"，借助适度的压力来激发自己的潜能，挑战自己的极限。

可是，怎样才能成功走出心理"舒适区"呢？我们具体又可以做些什么呢？

1. 用头脑风暴法开放头脑

很多时候，我们之所以一直停留在"舒适区"，往往是因为我们的视野只有这么大，没有看到世界的全貌，也没有受到其他领域的吸引，自然就会变成"井底之蛙"，偏居一隅过着所谓的"安全"日子。面对这种情况，要想走出"舒适区"，不如尽快开放自己的头脑，借助头脑风暴法，让自己产生离开"舒适区"的精神动力。

具体来说，我们在闲暇时间可以多参加各种各样的团体聚会，多联系老同学以及老朋友，了解一下他们的生活和工作。由于每个人的职业和所处的环境都是不同的，因此我们可以从中收获很多意想不到的东西。这种休闲式的头脑风暴法，不仅有助于我们建立和谐友好的人脉关系网，同时也有助于打破"舒适区"。

2. 千万不要排斥"被劝说"

在生活中，几乎每个人都有被劝说的经历。在职业选择上，家人朋友会给出五花八门的意见；在具体的工作过程中，上司或同事也会时不时给我们一些关于工作方式方法的建议……尽管每个人都曾充当过"被劝说"的对象，但对于这种"被劝说"行为，人们的态度却是千差万别。

有些人没有主心骨，别人劝什么就是什么；而有些人太过固执和死板，不管他人的建议或劝说对不对，一概当成耳边风。这两种过于极端的态度都不是最佳对策，面对周围人的劝说，既要有自己的独立思想和意识，同时也不要排斥"被劝说"。有时候，当我们尝试着"被说服"时，说不定就能在外力牵引下走出心理"舒适区"。上述案例中的周瑞就是一个典型例子，如果他没有听取朋友的建议，又怎么可能会成为一个成功的投资人呢？

3. 有意识地做点不同的事情

一直沉湎于"舒适区"多半是由过于单一、封闭的环境引起的，所以我们不妨有意识地每天都做些与众不同的事情。比如，换一条路线去上班；尝试到那些从未去过的餐馆吃饭；试着学习一项新技能；培养一个新爱好……尽管这些改变看上去微乎其微，但只要每天都坚持改变一点，我们就能够从改变中找到新的视角，从而促使我们离开带有惯性的心理"舒适区"。

值得一提的是，不管是学到的新技能，还是试吃的新食物，又或者新游览的旅游胜地等，都不可能迅速改变我们的生活状态。这需要一个长久的过程，所以千万不可过于追求速成。唯有一点点地开阔视野，一点点地增加心理上的软性收益，我们才可能最终走出心理"舒适区"。

掌控积极的思维与信念

很多人在买彩票的时候，都希望自己有好运降临，赢得大奖；很多人在升学考试的时候，都希望自己一切顺利，考出好成绩；很多人在参加职位面试的时候，都希望自己心想事成，从众多面试者中脱颖而出。可见人人都希望自己是个幸运儿，希望好运能伴随自己。

因为大家都希望能拥有好运，所以每逢春节或是生日庆典，人们就会送出或是收到来自亲朋好友的祝福语，如"万事如意""好运连连""事事顺心""前程似锦"等等。这些祝福语从某个角度来说，都包含了运气的因素。如果没有运气，人们也很难事事顺心。

为了求得好运，人们还将希望寄托于信仰或是某种物件。有些人经常到庙里烧香拜佛，念经祷告，祈求一家人能交到好运；有些人在身上佩戴一些影响运气的小饰品，如转运珠手链、水晶手镯或四叶草项链等，希望得到幸运女神的眷顾；还有些人在家中或办公桌上摆放代表运气的摆件，如龙、马的雕塑等，希望增强自己的运势。总之，人们为交好运想尽各种办法。

大多数人认为运气这种东西既看不见，也摸不着，更无法用科学进行解析，因此把它看得神秘莫测。虽然人们为求好运，不惜用多种方式，但是，没有人敢肯定某种方式确实能起到改变运气的作用。

如今，心理学家对"运气"提出了新的看法，他们认为运气并不像人们想象的那样神秘莫测，它与人的思维方式有很大关系。一个人思维方式积极乐观，能看清形势，分析利弊，制订出完善的计划，再按照计划勇往直前，即使面对困难，也会积极想办法去克服，这样的人就能交到好运；如果一个人的思维方式消极悲观，就会用消极的眼光看待事情，还没有遇到困难，就害怕自己陷入困难之中，这样的人做事倾向于拖延或放弃，即便有运气降临，他们也感受不到。

英国著名心理学家、有"英国大众传播心理学第一教授"称谓的理查德·怀斯曼曾经做过多项试验来解析运气是从哪来的。在其中一项试验中，他召集了400多个被试者来参与。被试者们被分为两组，认为自己很幸运的人为第一组，认为自己不幸的人为第二组。试验人员给所有被试者一张报纸，两组被试者拿到的报纸的内容都是一样的，只不过版面内容被试验人员做了变动。在报纸第二版上，有一条用很大字体印刷上去的信息："不用再数了，一共有43张照片。"

接着，试验人员请被试者们告诉他们报纸上一共有多少张照片，如果被试者们能看到第二版上的那一行字，他们可以不用数，就直接知道照片数量。实验人员为两组被试者记录他们数照片用的时间。结果发现，认为自己幸运的第一组被试者只用了几秒钟时间，因为他们很快就发现了报纸第二版上的信息，直接报告就可以；而认为自己不幸的第二组则花了平均两分钟的时间，因为他们认为自己是不幸的，所以根本没有看到第二版上的信息。

为了证实试验结果的准确性，试验人员又召集新的被试者，进行了一轮新的试验。这次试验与上一次基本相同，不过，试验人员对第二版上的信息内容做了变动，改为"别数了，告诉试验人员你看了这条信息，直接赢取250英镑"。试验结果仍然与上一次试验相同。自认为幸运的人很快看到这条信息，自认为不幸的人还是没有看到。

试验结果表明思维方式积极和思维方式消极的人，行为方式有很大的不同。认为自己幸运的人，用积极的方式去思考问题，他们更擅长留意身边的机会，愿意为今后的成功寻找更多的可能性。而认为自己不幸的人，思考方式较为消极，很难为自己创造机会，他们一旦遭遇挫折，很难控制自己。

因此，如果一个人想让"运气"眷顾自己，就要使自己的思维方式变得积极向上，这样才能抓住机遇。但是，如何才能控制自己的思维向积极向上的方向发展呢？那就是改变自己的心态。只有心态好了，人的思维才能变积极。

当今社会物质经济高度发展，生活节奏加快，人的生活和工作面临巨大压力。因此，人们在遇到事情的时候，就会不自觉地往消极的方向想。遇到的事情越严重，消极想法就越多，于是心情就变得越来越压抑，从而对个人行为产生更多负面影响，继而让自己陷入消极的思维方式中。

快速决定，不要思虑太多

"我再也忍受不了如此枯燥乏味的工作了。有时候觉得一分钟都待不下去，可是一想到辞职，我又免不了打退堂鼓。房贷要还，孩

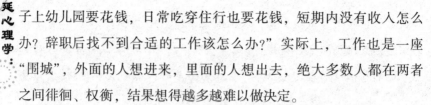

子上幼儿园要花钱，日常吃穿住行也要花钱，短期内没有收入怎么办？辞职后找不到合适的工作该怎么办？"实际上，工作也是一座"围城"，外面的人想进来，里面的人想出去，绝大多数人都在两者之间徘徊、权衡，结果想得越多越难以做决定。

世界上没有十全十美的工作，几乎任何一份工作都有其自身的利弊。面对这些利弊，我们常常需要在关键时刻做出一些事关重大的决定。不确定是否要辞职，不确定是否要转行，不确定这个工作难题该怎样解决，犯错后不知道该怎样面对领导的责难……每个人的职业生涯都会面临这样或那样的选择，当我们面对这些难以取舍的问题时，思考、犹豫是必然的，但如果一个人过于优柔寡断，就会造成时间上的拖延，从而错过可遇而不可求的天赐良机。

很多时候，思虑越多麻烦也就越多，如果想辞职创业，就不要整日纠结于"没有资金、没有项目、没有人脉、没有背景"等无关紧要的问题，快速决断，立即去做才是最为关键的。俗话说"机会不等人"，现代市场环境复杂多变，一旦你因犹豫和拖延而错过了商机，只能是追悔莫及。反倒不如放下那些所谓的心理负担，轻轻松松上路，还可能取得一线生机。

过分的思虑只会消耗掉我们原本就十分有限的精力，一旦我们把精力都放在了犹犹豫豫的前思后想上，那么工作时自然就会精力不足、时间不足，产生"拖延"的坏习惯也就不足为奇了。如果你至今仍然陷于"思虑"而无法快速行动，那么你或许应该做一次深刻的自我反思。生活就像一团乱麻，总会有许多解不开的疙瘩，仅仅因为犹豫就拖拖拉拉，甚至因此而错过了成功的机会，无疑是世界上最愚蠢的事情。

老秦是 20 世纪 80 年代的大学生，毕业后他被分配到一家大型国有企业，成了一名人人都羡慕的技术员。在当时，这可是万里挑一的金饭碗，老秦本人也十分珍惜这份来之不易的工作。原本以为工作和生活都会这样毫无波澜地继续下去，但谁也没想到，已经 30 多岁初为人父的老秦，面临了自己人生中的一次重大选择。

随着改革开放的浪潮日益高涨，很多国有企业员工以及公务员等纷纷辞职南下淘金。在这样的大环境下，老秦想不动心是个可能的。当时，老秦的一个同为技术员的同事 A 打算前往深圳进军 IT 行业。

然而当同事 A 邀请老秦一同递交辞职信的时候，老秦却陷入了犹豫。

"家里年迈的父母双亲万一生病怎么办？"

"孩子年纪还小，没有爸爸在身边会不会影响他们的健康成长？"

"一旦辞职，没了这份稳定的收入，南下掘金再不顺利，赚不到钱的话，一家人的温饱怎么解决？"

"自己这样抛家舍业，把一切生活上的事物都抛给妻子，会不会破坏夫妻间原本良好的关系？"

既担心丢掉稳定的工作，又害怕即将到来的未知生活，老秦就在这样的心理拉锯战中艰难思考着。有时好不容易下定了决心，结果第二天就会自己推翻，于是又继续重新思考权衡……经过一轮又一轮的思考，老秦终于决定辞职南下，这时候距离同事 A 辞职已经过去了整整一年。

思虑往往会吞噬掉我们的行动力，从而造成工作上的"拖延"。老秦正是因为思虑过重，所以南下深圳的事情才会一拖再拖，甚至十分不可思议地竟然拖了整整一年。但就是这一年的时间，却注定

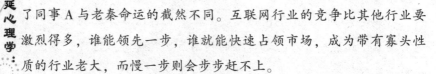

了同事 A 与老秦命运的截然不同。互联网行业的竞争比其他行业要激烈得多，谁能领先一步，谁就能快速占领市场，成为带有寡头性质的行业老大，而慢一步则会步步赶不上。

老秦南下深圳时已经是 20 世纪 90 年代初期，同事 A 因为早到一年，正好赶上了国内互联网行业的重新洗牌。同事 A 与自己所在的公司熬过了最困难的时期后，终于迎来了春天，因此自然而然被提拔为管理人员。此外他还因为出色的工作表现获得了不少企业内部股，而老秦则恰恰错过了这个时期，因此只能按部就班地工作。

人们常说乱世造英雄，实际上越是行业动荡、公司动荡的时候，越是充满机遇的时候。一旦进入了平稳发展期，那么不管是升迁机会还是职业发展空间都会大大受限，老秦就属于这种情况。一转眼 10 年过去了，同事 A 随着公司的上市，早已经凭借内部股票成为千万富翁，在公司内部也已是颇有声望和地位的元老级人物，而老秦尽管兢兢业业的努力也只是换来了一个部门主管的小职务。

因思虑过重而引起的拖延往往会让我们在不知不觉中丧失最为宝贵的机遇，如果当初老秦能够和同事 A 一样快速做出决定，而不是在犹犹豫豫中一拖再拖，那么老秦 10 年后的职业现状又将会是怎样的呢？然而时光不能倒流，如今，老秦也只能悔恨自己当初的"拖延"了。

事实上，在现实生活中，有相当一部分人都有类似老秦的困惑，这完全是由于思虑过重而引起的"拖延症"。要想克服这种症状并非不可能，我们不妨按照下列方法进行尝试：

1. 对自己狠一点，成功就近一点

如果前怕狼后怕虎，注定永远找不到新出路。有时我们自以为

安全的"拖延"做法，只会彻底毁灭自己的美好前程。俗话说"困难像弹簧，你弱它就强"，事实上你越是胆小怕事，就越容易被思想包袱所累，最终因为"拖延"而落得一事无成。不如抛开一切，孤注一掷快速做出决定，反而可能会赢得一线生机。

实际上，不论我们做什么，都不必过分去预料结果，因为每当你考虑结果时，总免不了想到一个无比糟糕的结局。畏畏缩缩是成不了什么大器的，想成功必须主动出击，下决心时对自己狠一点，自然就能离成功近一点。

2. 要善于快速抓住机会

经常迟疑不决的人，通常抓不住最好的机会，注定是个失败者。如果我们遇到一点小事就要思来想去，犹豫不决，甚至还要花费大把时间和很多人去商量，那么不仅有迷失自己意见的危险，还很可能会错过千载难逢的好机会。

或许有人会说，决策果断、雷厉风行的处事作风不保险，可能会犯错误，但这总比只说不做要强得多。人要懂得在有限的生命、有限的精力以及有限的才智情况下，用最快的速度做出最正确的决定。如果犹豫不决或一味纠缠那些毫无结果的东西，到头来很可能是竹篮打水一场空。遇到机会就要不惜一切代价地抓住，这时候尤其要当机立断，因为你稍一犹豫，结果就会大不相同。

3. 修炼出一颗智慧的取舍心

佛家常讲：得失之苦，得不到是苦，得到了又害怕失去也是苦。我们大多纠结于这种患得患失的精神痛苦之中，不得解脱之法。所谓有舍才有得，大舍大得，小舍小得，与其整天都生活在忧虑之中，把时间浪费在担惊受怕、苦苦思考上，反倒不如快刀斩乱麻，迅速

做出决定并迅速行动。

　　站在河的此岸呆立不动的人，永远到达不了彼岸，所以说，做人做事都要干脆，不仅要努力去争取，而且对自己多余的、次要的、得不到的和不属于自己的，该放弃就要果断放弃。就像下象棋时，一旦老帅被将、无路可退，必须果断"弃车保帅"，挽回败局、稳住阵脚，这样才有机会反败为胜。取舍有当是一种智慧，在人生的关键时刻，我们必须审时度势，学会放弃，这样才能够利用更多的精力去争取真正属于自己的东西，才不会因为拖延而陷入万劫不复的深渊。

第六章 优化时间：
用高效对抗拖延

　　时间管理之父阿兰·拉金说："勤劳不一定有好报，要学会掌控你的时间。"金钱可以存储，知识可以积累，但时间一去不回头，要想让自己远离拖延，必须要有管理时间的意识。只有善于管理时间，才能起到半事半功倍的作用。

拖延者必须学会时间管理

"一寸光阴一寸金，寸金难买寸光阴"，这是古人常告诫自己要珍惜时间的警言。孔老夫子也曾昭然长叹："逝者如斯夫，不舍昼夜！"

然而，对于那些拖延者而言，他们之所以会有做事拖拉的习惯，最主要的原因之一还是没有明确的时间观念。也有一些拖延者，他们总说自己很忙，你真的很忙吗？还是因为你没有时间意识，不懂得规划？"磨刀不误砍柴工"，没有时间意识的人，只会在那些毫无头绪的事情上拖延时间。

从前，有一位富翁，他买了一幢豪华的别墅。自打他搬进新家的第一天起，他就发现，总有个陌生人从他的花园里搬走一只箱子，然后装到卡车上拉走，他还来不及拦住，对方就已经开车走了，但车开得很慢，他边追边喊，最后，卡车停在了城郊的峡谷旁。

陌生人把箱子卸下来扔进了山谷。富豪下车后，发现山谷里已经堆满了箱子，规格式样都差不多。他走过去问："刚才我看见你从我家扛走一只箱子，箱子里装的是什么？这一堆箱子又是干什么用的？"

那人打量了他一番，微微一笑说：道："你家还有许多箱子要运走，你不知道？这些箱子都是你虚度的日子。"

"什么日子？"

"你虚度的日子。"

"我虚度的日子？"

"对。你白白浪费的时光、虚度的年华。你朝夕盼望美好的时光，但美好时光到来后，你又干了些什么呢？你过来瞧，它们个个完美无缺，根本没有用，不过现在……"

富豪走过来，顺手打开了一个箱子。箱子里有一条暮秋时节的道路，他的未婚妻踏着落叶慢慢走着。

他打开第二个箱子，里面是一间病房，他的弟弟躺在病床上等他回去。

他打开第三只箱子，原来是他那所老房子。他那条忠实的狗卧在栅栏门口眼巴巴地望着门外，等了他两年，已经饿得骨瘦如柴。

富豪感到心口绞疼起来。陌生人像审判官一样，一动不动地站在一旁。富豪痛苦地说："先生，请你让我取回这三只箱子，我求求您。我有钱，您要多少都行。"

陌生人摇了摇头，然后说："太迟了，已经无法挽回。"说罢，那人和箱子一起消失了。

这个寓言故事告诉我们，我们永远也无法留住时间，它会在不经意间溜走，而当你觉醒时，已经晚了。

有人曾说："今天为浪费一分钟而笑的人，明天将为想得到一秒钟而哭。"任何人尤其是拖延者，必须要学会时间管理。

海尔总裁张瑞敏推行一种被命名为"OEC"的管理方法。"OEC"管理法的含义就是当天的事情必须当天完成，不可拖延，这

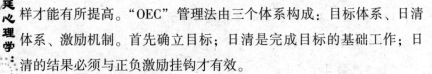

样才能有所提高。"OEC"管理法由三个体系构成：目标体系、日清体系、激励机制。首先确立目标；日清是完成目标的基础工作；日清的结果必须与正负激励挂钩才有效。

实际上，拖延并非人的本性，它是一种恶习，一种可以得到改善的坏习惯。这个坏习惯，并不能使问题消失或者使解决问题变得容易起来，而只会制造问题，给工作造成严重的危害。成功者从不拖延，而他们中的大多数人只是发挥了本身潜在能力的极少部分，因为他们对工作的态度是立即执行，所以把握了成功。那么，为什么我们还要逃避现实，还要忍受拖延造成的痛苦呢？

可见，任何一个拖延者都应该认识到管理时间的重要性，并在日常工作和生活中有意识地学习。如果我们把空余时间花费在无所事事上，那么它既不会有利于我们，也不会给我们的人生带来益处。对此，我们可以这样做：

1. 以较小的时间单位办事

这样有利于充分安排和利用每一小点时间，一次节约的时间和精力或许不多，但长期积累，可节约大量的时间。

许多科学家、企业家、政治家办事常以小时、分钟、天为时间单位。这就是成功者的诀窍。

2. 多限时

人的心理很微妙，一旦知道时间很充足，注意力就会下降，效率也会跟着降低；一旦知道必须在规定时间里完成某事，就会自觉努力，使得效率大大提高。所以，我们就可以充分发挥自己的潜力，多给自己限时办事或者学习的机会。

生命中的每一分钟你都浪费不起

我国伟大的文学家、思想家、革命家鲁迅先生也说过："时间就是生命，无端地空耗别人的时间，无异于谋财害命。"然而，在许多世人的眼里，一分钟只不过是短短的一瞬间，稍纵即逝，甚至可以小到忽略不计。其实，这是一个非常错误的认识，一分钟的价值也是弥足珍贵的，同样能创造出非凡的成绩。而对于每一个人来说，要想远离拖延，从而保持高效的工作状态，就得学会珍惜每一分钟。

居里夫人刚刚结婚的时候，家里的布置非常简朴。居里夫人的父母写信来说，想为她买一套餐桌，作为结婚礼物，这样可以在邀请客人来家里吃饭时派上用场。

但是，居里夫人很客气地写信回绝了。理由很简单，她认为现在没有时间请客吃饭，连回客的时间也没有，所以就没有设置餐桌的必要，况且有餐桌之后，还必须花时间每天清理灰尘，这样一来就会影响她的实验。

居里夫人以及许多的名人，正是将别人做琐事的时间利用起来，为完成自己的目标，减少不必要的琐事，使自己的时间价值发挥到最大。

时间管理者也要发扬这样的作风，将无意义、无价值的琐事尽可能减少，能够合并的合并，能够不做的坚决不做，一切为实现自

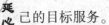

己的目标服务。

一个职业人士，应该好好利用每一分钟的价值。凡是在工作中表现出色、得到老板赏识的人，都懂得抓住工作时间的分分秒秒，只有这样，他们才能在同样多的时间内，做比别人多的事情，创造比别人多的价值，从而丰富工作经验、提升工作技能。

美国麻省理工学院对 3000 名经理做了调查研究，结果发现凡是成绩优异的经理都能非常合理地利用时间，让时间消耗降到最低限度。其中的一个部门经理在介绍自己的成功经验时说："时间是挤出来的，你不去挤它就不会出来。时间赋予每个人都是一天 24 小时，你不善于挤，就会跟许多平庸的职业人士一样，忙忙碌碌却又只是庸庸碌碌地度过一生。"

凯茜在洛杉矶的一家律师事务所工作，她平均每年负责处理的案件多达 130 宗。她的大部分时间都是在飞机上度过的，那么她怎么能有那么多时间来处理如此多的事情呢？原来，她有一个非常好的习惯，那就是在飞机上给客户们写邮件，与客户们保持良好的关系。一次，一位同机的旅客跟她攀谈起来："在机上的近 2 个小时里，我看到你一直在写邮件，你一定深受老板器重。"凯茜笑着说："我已经是副所长了，我只是不想让时间白白浪费而已。"

优秀的人就是这样珍惜每一分钟，有效利用每一分钟，使每一分钟都具有价值。要想在职场中做出业绩、取得成功，就要学会珍惜时间，合理规划和利用每一分钟，这样的人是高效率的，也是当今老板们所器重的，他们迟早会迎来成功的辉煌。

在美国近代企业界里，珍惜时间的模范人物非金融大王摩根莫属。为了珍惜时间，他给自己招来了许多怨恨。

摩根每天上午9点50分准时进入办公室，下午5点准时回家。有人对摩根的资本运作进行了计算，他每分钟的收入是20美元，但摩根自己却说好像还不止这些。所以，除非是跟别人洽谈生意上的事，否则，他与人谈话的时间一般都不会超过5分钟。

通常，摩根总是在一间很大的办公室里和许多员工一起工作，而不是待在单独的房间里工作。摩根会随时指挥他手下的员工，按照他的计划去行事。如果你走进那间大办公室，是很容易见到他的，但是如果你没有非常重要的事情，他是绝对不会欢迎你的。

摩根具有这样一个非凡的本领，他能很容易就判断出一个人来找自己到底是为了什么样的事。当你和他说话时，一切转弯抹角的方法都会失去效力，他能够马上判断出你的真实意图。当然，这种卓越的判断力帮摩根节省了许多宝贵的时间。有些人本来就没有什么重要事情需要接洽，只是想找个人聊聊天罢了，但是却耗费了工作繁忙的人许多重要的时间。摩根对这种人恨之入骨。

时间是宝贵的，也是失而不复的。因此，身为员工，在工作中合理安排自己的时间，是非常有必要的。这样做不仅仅可以增加所完成工作的量或提高工作效率，还会使你有可能充分利用职业生涯来实现个人的或企业的目标。

现代人的选择空前增多了。选择多了本身是一件好事，但如果不善于合理地安排时间，就会陷入无休无止的选择当中，陷入千头万绪的繁忙中，你的工作和目标就有可能失控，你前进的道路就可能不通畅。如果时间失控，那么，你的付出将得不到理想的回报。

有许多工作需要我们花费几小时、几天甚至是几个月的时间，高度集中精力才能完成。因此，需要合理安排时间。这样就不会轻易受别的人或别的事干扰，有利于提高工作效率和保证工作质量。

比如你的上司要你拟订一份工作计划，并要求必须尽快完成。如果你一边做计划，一边参加会议或找人谈话，那么两天的工作量可能要四五天才能完成。我们知道，时间超过临界值便意味着信息失效，计划失败。如果避开一切与拟订计划无关的活动，集中精力，那么，三天的工作量两天就可完成，达到时间上的顺差。在这种情况下，连续使用的整块时间，比分散使用零散的时间，效率就高得多。当然，有些事情并不是连续性的工作，不需要用整块时间去做，那就可以在分散的时间里穿插进行。

活用零碎时间

美国著名的政治家、物理学家富兰克林曾这样说过，"世界上许多人都可以建功立业，由于他们把难得的时间轻易放过，从而变得默默无闻"。而富兰克林则是充分利用零碎时间方面的典范。他说："我把整段的时间比喻为'整匹布'，把点滴零碎的时间称为'零星布'，用整块布料做衣服固然好，当整块布料不够时，'零星布'就可以被充分地利用起来，别小看每天的二三十分钟，把它们累计到一起，就能由短变长，派上大用场。"这是办事高效者的秘诀，也是我们在工作中学习和借鉴的好方法。

美国近代诗人、小说家和出色的钢琴家艾里斯顿就善于利用零散的时间，对此，他回忆道：

大约在我 14 岁时，有一天爱德华先生告诉我一个真理，由于年轻，当时没有引起我的重视，后来回想起来他说的话的确是至理名言，从那以后我就从中得到许多的益处。

爱德华是位钢琴教师，在我向他学习钢琴的期间。有一天，他忽然问我：每天用多长时间练习钢琴？我说大概有三到四个小时。

他听完后说："你每次练习一个小时就可以了。"

我有些吃惊，说："我觉得每天花三到四个小时练琴，对我有好处。"

"不，不要这样！"爱德华接着说："你现在有时间，等你长大以后，每天不可能有这么长的空余时间。我建议你养成一个习惯，只有有空闲的时间，就练习几分钟，千万别担心时间短。比如在你上学以前，或在午饭以后，或在工作的休息余闲，五分钟、五分钟地去练习。把练习钢琴的时间分散到一天里面，这样的话练钢琴就成了你日常生活中的一部分了。"

后来，我在哥伦比亚大学教书，当时我想从事兼职创作。千万别以为在大学教书是件轻松的事情，那时除了睡觉外，不是给学生上课、改试卷就是开会等事情，几乎把我的白天、黑夜全部占用了。差不多有两年没有动笔写作，我给自己的借口是没有时间。一个周末，我突然想起了爱德华先生的话，接着我便把他的话付诸实践。只要有五分钟左右的空余时间，我就写下一百字或几行诗歌。

出人意料的是，那个星期我利用空闲时间，竟然写出了连自己都吃惊的作品。

尝到甜头后，我就用这种积少成多的方法，开始创作长篇小说。

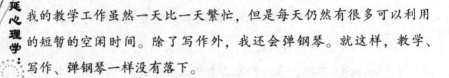

我的教学工作虽然一天比一天繁忙，但是每天仍然有很多可以利用的短暂的空闲时间。除了写作外，我还会弹钢琴。就这样，教学、写作、弹钢琴一样没有落下。

生活中有许多可以利用的零碎时间，如果你能够将它们化零为整，你的做事效率就可以大大地提高。

所谓零碎时间，是指不构成连续的时间或一个事务与另一事务之间衔接时的空闲时间。这些时间往往被人注意，从而被轻易地忽略了。零碎时间虽然可能是短暂的几分钟，如果一天、一月、一年地不断积累起来，数量将非常可观。古今中外，那些但凡在事业上有所成就的人，几乎都是高效利用零碎时间的高手。

英国女作家艾米莉·勃朗特年轻时，除了写作外，还要承担家庭的种种劳动，例如拖地、买菜、烤面包、洗衣服等。当她在厨房劳动时，随身携带着纸张和铅笔，只要有空隙，就立即把所想的东西写出来。

在美国作家杰克·伦敦的房间里，无论是窗帘上、衣架上、柜橱上、床头上、镜子上、墙上……都贴满了各式各样的小纸条。别小看这些小纸条，上面密密麻麻写满了文字：有优美的词汇、有绝妙的比喻、有庞杂的记事。杰克·伦敦有一个好习惯，从来都不让时间白白从眼前溜过。睡觉前，他会默念着贴在床头边的小纸条；早晨醒来，他一边穿衣，一边读贴在墙上的小纸条；刮脸时，镜子上的小纸条为他提供了方便；踱步、休息时，他可以到处找到启动创作灵感的语汇。不仅在家里是这样，外出的时候，杰克·伦敦也不轻易放过闲暇的一分一秒。出门时，他早已把小纸条装在衣袋里，随时都可以掏出来看一看，想一想。

闲暇对于智者来说是思考，对于享受者来说是养尊处优，对于拖延者来说是虚度。要合理利用好琐碎时间，需要做好下面几点：

1. 提高执行速度

动作的快慢决定所需时间的长短。

曾看到这样一个故事，说的是一个老奶奶想念远方的孙女，为了给孙女寄张明信片，她花费了整整一天的时间。用两个小时买明信片，用两个小时找老花镜，用一个小时找地址，用两个小时写明信片，用一个小时邮寄明信片。如果是一位动作灵活的人，老奶奶所做的事情，只需要很短的时间就可以完成。

2. 利用"边角余料"时间

提高工作效率，必须强调时间观念和节奏观念，如果需要两个小时办理的事情在一个小时内完成，其效率就提高了一倍。鲁迅先生曾形象地把时间比作海绵里的水，只要挤，便会有。做事情只图快，却不知道如何"挤"时间，也不是完美的。要想成为一名高效的工作者，必须要有敢于挤、善于挤的精神。要提高时间的利用率，就要懂得如何化零为整，如何把时间的"边角余料"拼凑起来，加以科学地利用。

在实际的工作中无论你多么有效率，总会有空闲的时间出现在你身边。你可能把一天的时间都做好充分的计划，但是计划赶不上变化，变化中可能会出现空闲时间，这个时候，你可以看书、写东西或修改报告。这样的话，你不仅挖掘出了那些零碎时间的价值，而且也向成功者的行列迈进了一步。

3. 善于利用假日

按照相关法律，每个人每年节假日的休息时间为10—11天，再加上周末的时间，一年就会有 130 天左右的假期。如果你把这段时间巧妙地加以利用，也会有一定的收获。

著名数学家科尔用了三年内的全部星期天解开了 "2 的 62 次方减 1" 是质数还是合数的数学难题。其实，时间就在我们手中，就是看我们怎样去利用它。

"80/20 时间管理法" 让你的时间增值

不难发现，对于一些拖延者而言，他们总是在抱怨工作太忙，而事实上，他们一直在忙于做一些毫无成效的事情，比如，在办公室看电视、上班时间打长时间的电话等，如果你也是如此，那么，你必须要调整自己的工作状态，因为完成了那些不值得做的事情是不会给你的生活带来任何成功的。只有集中精力完成那些值得去做的事情，才会高效地完成工作。

无论何时，如果你为一些没有意义的事情而拖延工作，那么无论你做了多少其实都是在拖延时间。如果说有某种必须遵循的法则能帮助你把生活调整到一个良好的平衡状态，那么它就是一百多年前由意大利经济学家帕累托发现的 "80/20 定律"（又称二八定律）。维尔弗雷多·帕累托提出：在任何特定群体中，重要的因子通常只是少数，而不重要的因子则占多数，因此只要能控制具有重要性的少数因子即能控制全局。当然，习惯上讨论的是顶端的 20%，而非底部的 80%。

同样，在我们手头所需要处理的事情中，真正能起到作用的或重要的也只是少数，因此，我们需要在可以利用的时间里尽最大努力去工作，在最重要的事情上竭尽全力，而不要在不重要的事情上浪费精力。"学会在几件真正重要的事情上力争上游，而不是在每件事情上都争取有上乘表现的人，可以使他们自己的生活发生根本的变化。"什么工作都要抓，往往可能导致什么也做不到。

根据"80/20定律"，我们可以看出，人如果利用最高效的时间，只要20%的投入就能产生80%的效率。相对来说，如果使用最低效的时间，80%的时间投入只能产生20%效率。一天头脑最清楚的时候，应该放在最需要专心的工作上。与朋友、家人在一起的时间，相对来说，不需要头脑那么清楚。所以，我们要把握一天中20%的最高效时间专门用于最困难的工作中。

威廉·穆尔是美国著名的企业家，他曾经在为格利登公司销售油漆时，头一个月仅挣了160美元。

随后的一段时间，他仔细研究了犹太人在从商上经常用到的"二八定律"，然后再将这一法则运用到自己的销售情况中，并分析了自己的销售图表，发现他80%的收益却来自20%的客户，但是他过去却对所有的客户花费了同样多的时间——这就是他过去失败的主要原因。

于是，他要求把他最不活跃的36个客户重新分派给其他销售人员，而自己则把精力集中到最有希望的客户上。不久，他一个月就赚到了1000美元。穆尔学会了犹太人经商的"二八定律"，连续9年从不放弃这一定律，这使他最终成为凯利·穆尔油漆公司的董事长！

此处，我们看到的是，花费 20% 的时间和精力就能得到 80% 的回报。"80/20 定律"告诉我们绝不要将自己的时间和精力浪费在那些琐碎的事情上，也就是要抓住主要矛盾。毕竟，无论是谁，精力都是有限的，要做到面面俱到或者照顾到每一件事几乎是不可能的，这就更需要我们懂得合理分配时间和精力的重要性。

根据"二八定律"，我们在时间管理中，可以总结以下两点：

1. 始终把精力放到最重要的事上

在生活中，不管是工作、学习等，你只做重要而且是必要的任务。以不同的职业为例：

如果你是一名销售人员，你的优先顺序就是打电话约见客户，然后准备销售的商品以及材料，到客户那去，向客户介绍产品，最后签订订单。

如果你是一名销售经理，你的工作可能就是把产品的知识传授给员工，统计整个单位的业绩，走访一些重要的顾客，接受并分析员工给自己反映的一些情况等。

如果你是一名职业经理人，你的工作大部分时间应该用在规划、组织、用人、指导和掌控全局上。

所以每一个人，因为他工作的角色不同，只在重要及必要的任务上下功夫就可以获益。

2. 集中精力，全力以赴

每个人的角色不同，应根据当时的状况设定目标，并以每一次能够最完美的完成目标为原则，这样在计划周期结束时，每个人至少都处理了重要事情。

从这里，我们能看出设定优先顺序的好处，优先顺序就是决定哪件事情必须先做，哪件事情只能摆在第二位，哪些事情可以延缓处理，即要有意识地设定明确的有限顺序，以便执着、系统地依照这个顺序处理计划里的任务。

有效利用等待的时间

我们的一生中，会有很多时间用来等待。在饭店等服务员上菜，在超市排队等着结账，等着同事处理完工作一起坐车回家……这样的都是一些正常的等待。但是有些人喜欢以等待为借口，拖延做一些事情。比如家里要做饭，没有酱油了，丈夫出去买酱油，妻子本可以在这段时间里，刷锅、洗碗、切菜，把一切都准备好，可她偏要等丈夫把酱油买回来，才开始所有的工作。在她的逻辑里，丈夫不把酱油买回来，这一切就没办法开始。

克拉暂时失业了。他的老板告诉他，公司需要半年的时间进行战略调整，因此有半年的时间不能雇用他。原本克拉计划利用公司的某些便利条件，提高自己的业务能力，这下他的计划被打断了。克拉告诉自己，只好等复工以后再执行这项计划了。于是他便把计划放在一旁，开始了轻松的休假。一个月以后，克拉的朋友听说了这件事，就对克拉说："你为什么非要拖到复工之后才执行这个计划呢？难道没有了公司的便利条件，你就没办法提高业务能力了吗？你完全可以自己看书或者报培训班啊。"其实克拉并非没有想到这些，只是拖延的心理，让他选择了单纯的等待。

如果你想喝一杯热水，就一直站在烧水壶旁等待吗？这自然不是好主意，为什么非要等水烧开了才去洗水池里的杯子呢？利用等待的时间，做一些沉思，也是一件好事。不必等到有大把时间的时候，才去思考，很多事情的解决方法都是一点一滴的思考累加起来的结果，若你充分利用零星的时间进行思考，也许突然在某一刻，你就会寻得解决那些困扰已久的问题的办法。

不再用等待将事情拖延，让自己学会有价值地等待，哪怕是培养自己的耐心、观察能力等等，都是非常有益的。我们在很多电影中，能看到入狱的犯人在监狱里学会了一些技能，取得让人叹服的成绩。在生活中也有这样的例子。

刚子因为年少无知，入侵了银行的网络系统，并窜改了银行数据，被判4年监禁。年仅22岁的他，突然觉得天塌了，他不知道自己在监狱中还能做什么。他的职业是一个电脑程序员，他真怕4年后跟不上科技的进步，被社会淘汰。一个月以后，他的心情渐渐平复，决定学习金融知识。他让家人帮他买了各种金融书籍，从此开始安心学习。4年后，他对金融业有了一个健全而深入的了解。回到家里，他开始做股票和期货投资，虽然没有赚太多的钱，但足够养活他和父母了。

等待并不等于停止前进的步伐。监狱生活让刚子停下来，仿佛一切都不可能了。可他静下心来，又发现了一线生机。上帝为我们关上了一扇门，但是一定还会给我们留一扇窗。

时间是有限的，我们不能操纵它，但我们可以利用好它。在有限的生命中，利用好等待的时间，为下一步做好打算，安排好我们的行动。不要等到预期的条件完全具备了，才开始行动，因为我们完全可以在这段时间里创造更好的条件。

在规定的时间内"复命"

任何工作都必须做到位，"有命必复"就是落实到位的体现。公司要的是结果，而不是问题，否则，"复命"就毫无意义。在"复命"的过程中，可能会遇到一些困难和挫折，但应该"有命必复，使命必达"，全力以赴，克服一切困难达到目标。

王顺友是四川省凉山彝族自治州木里藏族自治县邮政局的投递员，在2007年被评为"全国道德模范"。他一直从事着一个人、一匹马、一条路的艰苦而平凡的乡邮工作。邮路往返360公里，月投递两班，一个班期为14天。20多年来，他送邮行程达26万多公里，相当于走了21个二万五千里长征，围绕地球转了6圈！

王顺友担负的邮路，山高路险，气候恶劣，一天要经历几个气候带。他经常露宿荒山岩洞、乱石丛林，经历了被野兽袭击、意外受伤乃至肠道被马踢破等艰难困苦。他常年奔波在漫漫邮路上，一年有330天左右的时间在大山里度过，无法照顾多病的妻子和年幼的儿女，却没有向组织提出过任何要求。

为了排遣邮路上的寂寞和孤独，娱乐身心，他自编自唱山歌；为了把信件及时送到群众手中，他宁愿在风雨中多走山路，改道绕行以方便沿途群众，而且还热心为农民群众传递科技信息、致富信息，购买优良种子；为了给群众捎去生产生活用品，王顺友甘愿绕路、贴钱，受到群众的广泛称赞。

20多年来，王顺友没有延误过一个班期，也没有丢失过一封邮件、一份报刊，投递准确率达到100%。2005年，王顺友应万国邮政联盟之邀，飞赴瑞士，为万国邮联行政理事会作关于中国邮政普遍服务的报告。万国邮政行的理事会自1874年成立以来，王顺友是受邀作主题报告的第一个普通邮递员！他的表现赢得了全世界人民的敬意。

王顺友之所以赢得全世界的肯定，是因为他具有一种复命精神；不管多累多苦，他都要尽快将信件交到老百姓的手中，及时复命，高效地完成自己的任务。

经过社会的不断发展，"及时复命"又有了新的解释，及时复命也被理解为"4小时复命制"，可以解释为：对任何命令，无论是否完成，执行人都要在规定的时间内向下令人复命。需要严格遵守的是，复命的时间不要超过4小时，所以称为"4小时复命制"。也就是说，有命必复是"4小时复命制"的核心，事情只要布置下来，就必须在4个小时内进行复命。

当然，除了"4小时复命制"外，还有"8小时复命制""24小时复命制"等相关制度。在许多公司里，优秀的员工会根据任务的基本性质，按照限定的时间进行高效的复命。"4小时复命制""8小时复命制"等制度的有效运行，是优秀企业文化的集中体现，同时也是员工对复命精神不懈坚持的结果。

具体来说，要将任务不打折扣地执行，高效复命，需要做到这几个方面：

1. 做了不行，做好才行

"做了"与"做好"，虽然只一字之差，却有本质区别。"做了"只是做过这件事，但没有保证结果，而"做好"不仅仅是做过这件事，而且结果很好，这意味着对组织的目标负责、对工作的质量负责。一个人执行力强不强，关键就看他是重视"做了"还是重视"做好"；一个企业抓执行是不是抓住了关键，也要看管理的重心是不是放在"做好"两个字上。

如果想让执行不打折扣，绝对不能满足于"做了"，否则不仅浪费资源，还会让自己的进取心逐渐麻痹，该有的效率出不来，未曾预料到的陷阱和危机却不期而至。工作只停留在"做"的层面是毫无意义的。执行的关键就在于到位，执行不到位，就等于没执行。

2. "负责"不够，还要"负责到底"

一个员工首先应对自己有一个工作做到位的标准，凡事要求自己做到位，负责到底。表现在行动上就是不能敷衍了事，一定要认真勤奋，把别人浅尝辄止的事做得一丝不苟，把每一件细小的事认真做到最好。

"负责到底"还要求从始至终地坚持做到位。有些人经常在做了90%的工作后，放弃最后能让他们成功的10%，甚至相当一部分人做到了99%，只差1%，但就是这一点细微的差距，使他们在事业上难以取得突破和成功。因此，"负责到底"就是一定要坚持不懈地做下去，不打折扣地执行，做到位。

3. 丢掉"差不多"思想

执行中的"差不多"，结果往往会"差很多"。只有100%才是

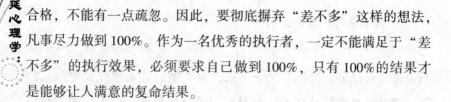

合格，不能有一点疏忽。因此，要彻底摒弃"差不多"这样的想法，凡事尽力做到100%。作为一名优秀的执行者，一定不能满足于"差不多"的执行效果，必须要求自己做到100%，只有100%的结果才是能够让人满意的复命结果。

4. 对自己高标准、严要求

高标准、严要求就是追求卓越、追求完美的执行力。一个人的成功取决于他无论做什么都力求做到最好，他无论从事什么工作，都绝对不会轻率、疏忽。因此，在工作中应该以最高的标准来要求自己，尽可能地把工作做得比别人更快、更准确、更完美。

用最高的标准要求自己是一种高效复命意识的体现。在工作的时候，就意味着做到让客户100%的满意，让客户感受到超值的服务。这就是卓越员工工作的唯一标准。这样的标准在实际工作中，一方面会造就优秀的员工，另一方面会造就成功的企业。

拒绝拖延，给工作时间确定下限

放纵、散漫是人的本性之一，主要表现在对既定目标的坚持、对时间的控制等做得不够到位，做事时不能在规定的时间段内完成。如果因拖延影响到工作质量时，就会养成一种自我耽误的不良习惯。

当你随便拖延某件事情时，你就为自我耽误埋下了基石。等到规定的时间内没有完成，你就会找借口为自己辩驳，这是一种不好的习惯。今日不"清"，必然造成积累，积累就是拖延，拖延意味着堕落、颓废。这样的话，就会浪费宝贵的工作时间，也会造成不必要的工作压力。

通过几个案例，我们可以找出浪费时间和精力的原因，并想办法让时间和精力花费得更有效。

1. 不了解情况，就开始蛮干

老王所在的部门是售后服务部。整个部门里他是最积极的，只要接到投诉，他就立刻开始调查，查数据、找记录、去现场等等。往往在客户还没有递交不良报告时，他已经忙活了半天了，可当客户的不良报告发过来以后，他才发现自己查找的方向错了。半天的时间就这样浪费了，手头的工作也没有按时完成。

老王积极肯干，却成了反面的典型，主要就是没有养成了解情况再动手的好习惯。客户投诉要处理，但是不良报告中会描述得更清楚和准确，等见到报告再处理，并不是浪费时间。

遇到事情不要慌张，先了解情况，把情况都弄清楚了再行动。

2. 不知道自己的任务，就开始行动

小惠刚毕业，在一家律师事务所实习。她早晨一上班，看见王律师的办公桌上放着一单诉状。她立刻在心里盘算着，如果自己早点行动就可以更多地参与其中。于是，她匆忙看了看诉状的大概，就去找相似案例了。她回到办公室的时候，王律师不高兴地问："你去哪儿了，我在这里等你半天，要带你去见委托人呢，我们约好了时间，都快迟到了，快走吧!"

小惠没有弄清楚自己的任务，差点耽误了王律师带她去见委托人。在开始动手之前，她不知道王律师已经给她做了工作安排，虽

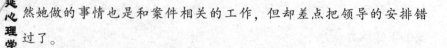

然她做的事情也是和案件相关的工作，但却差点把领导的安排错过了。

工作中，不可小看请示领导的环节，自作主张，往往是白忙一场。问清领导的安排，再行动也不迟。否则，你可能会错过绝佳的实践机会。

3. 有想法，不行动

要想让事业更上一层楼，就要与时俱进有想法，敢行动。只有想法没有行动，就等于没有想法。既然自己花费时间和精力考虑了这件事，就要试一试，否则不如不想。

老张年近50岁，在公司也是元老级的人物，他能力强，但是过分老实，虽然他也为公司解决了一些问题，立下了一些功劳，但却没有得到提拔，一直在做基层领导。

翻开他的工作笔记，却能发现很多有预见性的建议，并设计了一些规避问题的方案设想。可是他从来没有在工作中实施过这些想法，更没有让领导知道他的意见。

创意和想法都是智慧的体现，可是老张宁可把自己的想法都写进本子里，也不肯让人知道，更不肯说出来，因此没有人发现他的领导才能，又怎么能提拔他呢？

积极表现的员工更容易得到认可，默默无闻的人只能当陪衬。只有想法，没有行动的人，不能让他人了解自己，因此无论自己花了多少精力用于思考，也是浪费精力。有想法，至少应该讲出来，看看是否可行。

审视自己在工作中的表现，有没有以上几种情况？是不是因为忙了没有意义的事情，让自己缺少了完成任务的时间，而给人留下工作拖延的印象？即使有，也不必难过，只要认识到了，就可以慢慢克服，千万不要找借口，让自己继续下去，否则各种繁杂的任务，总有一天会压得你喘不过气来。

事实上，人们不能准时做事的原因有很多。一些人是因为不喜欢手头的工作；另一些人则不知道该如何下手。要养成更有效率的新习惯，首先必须找出导致办事拖延的原因。这里我们分析了人们不能按时做事的问题所在，并给出了合适的应对策略：

第一，如果是因为工作枯燥乏味，不喜欢工作的内容，那么就把事情授权给下属，或寻求公司外的专职服务。

第二，如果是因为工作量过大，任务艰巨，面临看似没完没了或无法完成的任务时，那么就将任务分成自己能处理的零散工作，并且从现在开始，一次做一点，在每一天的工作任务表上做一两件事情，直到最终完成任务。

第三，如果是因为工作不能立竿见影取得结果或者效益，那么就设立"微型"业绩。要激励自己去做一项几周或几个月都不会有结果的项目很难，但可以建立一些临时性的成就点，以获得所需要的满足感。

第四，如果是因为工作受阻，不知从何下手，那么可以凭主观判断开始工作。比如，你不知是否要将一篇报告写成两部分，但你可以先假定报告为一份文件，然后马上开始工作。如果这种方法不得当，你会很快意识到，然后再进行必要的修改。

人与人的智力条件相差不大，又都在努力的工作，但结果总会产生巨大的差异：有的人成了千万富翁、亿万富翁，而有的人一事无成，还在温饱线上挣扎。造成这种差别的原因有很多，无疑，工作方法和效率上的差别是很重要的因素之一。对于利用时间的高手来说，他们总有足够的时间去做足够的事情，而对不会利用时间的人来说，他们的时间永远不够，可事情还总做不好。

第七章　立即执行：
不给拖延任何机会

无条件执行，才能做到有力地执行，才能完美执行。很多时候。人们并不缺少执行力，但就是无法实现完美执行，原因就在于他们不懂得无条件执行。不懂得无条件执行，就会考虑太多事情以外的因素，致使自己的执行受阻。期间的阻力，更多的时候是来自于自己。

拖延会使你的热情蒸发

很多人都有拖延的心理，并且从不觉得这是多大的问题，想着"我不是不做，只是晚一点，又不是不去做，没什么大不了的"。事实上，拖延是一种很不健康的心理。一个人做事拖拖拉拉，最后很可能半途而废，甚至，很多人的梦想都是在拖延中夭折的。

一鼓作气，再而衰，三而竭。之所以会有这样的效果，就是因为很多时候，人们内心的热情会随着行动的延迟而消散。人在拖延的过程中，热情越来越少，精神状态越来越松懈，前进的脚步就会越来越慢。

希腊神话中，爱神丘比特脑海中瞬间的灵感造就了智慧女神雅典娜。雅典娜一出生就具备了美貌与智慧，堪称完美。事实上，雅典娜象征的就是存在于每个人头脑中的灵感和冲动。我们应当抓住头脑中转瞬即逝的好点子，抓住想要去做事的冲动，并立即将其付诸行动。因为它在这个瞬间成功的可能性最大。如果在理想产生的瞬间没有采取行动，以后便更难有付诸行动的动力了。有一句俗语是这么说的，"任何时候都能做的事，往往永远都不会有时间去做"。

一个人要想做成一件事情，首先要在脑海中要产生这个想法，之后则要尽快付诸行动。从人的思想开始，再到人的执行，这是不可间断的一个过程。只有将你的思想付诸行动，你才能走向成功。

《为学》中有关于两个和尚的故事很能说明问题：

在四川有两个和尚住在一个偏远的寺庙中。一个是穷和尚，一个是富和尚。

一天，那个穷和尚对富和尚说："我要到南海云游一番，你认为怎么样呢？"

富和尚看了他一眼，用蔑视的语调说："你一无所有，依靠什么去呢？"

穷和尚说："一个水瓶和一个饭钵就足够了。"

富和尚听了不以为然，他骄傲地说："我很早就想去普陀山了，我想买一艘船，乘船沿着长江去。像我这么有条件的人，都没有实现，就别说你一个贫穷的和尚了。山高路远，你只靠着水瓶和饭钵是不能达到南海的。"

然而，穷和尚也没有多说，只是准备了一个瓶子、一个饭钵就上路了。

到了第二年，穷和尚从南海回来，而富和尚却还是没有行动。听完了穷和尚一路的见闻之后，富和尚觉得很羞愧。

富和尚空有一个美好的计划，却一直拖着不实施，结果计划流产了。相比，穷和尚下定了决心去南海，很快就踏上旅程，成功实现了自己的想法。一个只有思想，却一直拖延，没有行动；另一个既有思想，又有行动。不同的态度，不同的行动，决定了他们两个不同的结果。

想象一下，一个喜欢拖延的人，他生活在一种什么样的生活状态之中呢？首先，他总是忙，因为有太多拖无可拖的事等着他，这

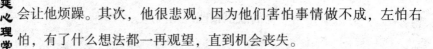

会让他烦躁。其次，他很悲观，因为他们害怕事情做不成，左怕右怕，有了什么想法都一再观望，直到机会丧失。

确实，一个人喜拖延，他的梦想最后恐怕也要无疾而终。当有人问约翰·杰维斯（后来的温莎公爵）他的船什么时候可以加入战斗，他回答说："现在。"对，就是现在，我们与其费尽心思把今天可以完成的任务千方百计地拖到明天，不如把这些精力省下来，马上把工作做完。很多事情都是越拖越难。因为在最初的时候，我们对工作的热情还处在高涨的阶段，这种热情能使我们在艰苦的工作中挖掘到无穷的乐趣。但随着时间的推移，热情会逐渐冷却，到了那时就算你想全身心投入工作，也很难做到尽善尽美了。举个例子，你收到一封信，看了之后，马上回复，往往比你过了一周再回复容易很多。今日事今日毕，不要老想着明天。对成功来说，最稳妥的词，就是"现在"；"明天""后天""下周""将来""以后"……往往意味着"再没可能"。万事开头难，看上去很困难的事情，如果你立即行动，实现起来可能就没有那么难了。

王攀登是某控股集团有限公司董事长兼总裁，在他还在上中专时，他班主任就评价他是一个不爱说话的人，但是，他一旦想做什么事，绝不会拖延。

中专毕业后的王攀登，给别人打工挣了一些钱，便想着要建造一座新房。众所周知，一个地域盖房子差不多都是一个模样，可是王攀登却说自己想要建造一栋独一无二的房子，村里的人听了，都说他的想法太奇怪了，难以盖成，而且花费也大。

王攀登却没有犹豫，他先是四处筹钱，然后十里八村的整天跑来跑去，然后又综合不同房子的优点熬夜画了一张图纸，然后交给建筑师。不久，一所标新立异的新房被建立起来了。

21岁的时候，王攀登用身上仅有的30000元成立了一家专售燃气灶具的零售店。他曾对身边的人提起这件事，可是大家都没有当回事，以为他只是说说而已。直到王攀登建立了属于自己的加工企业，大家才缓过神来问他："你是怎么做到的？"

立即行动，只有立即行动的人，才会把自己的经历和热情集中爆发出来。这些人雷厉风行，十分珍惜时间，他们不允许自己的时间浪费在无聊的事情上，也不允许犹豫拖沓耗费自己的心气，磨灭自己的热情，正是因为这样，他们才能够做成别人不敢做的事情。

人类的性格缺陷，犹豫、迟疑等都是成功的大敌。要摆脱它们，便不能为自己留太多的考虑时间，不能有太多的准备动作。下定决心，在短时间内付诸行动，如此，自信、热情与潜能才会最大限度地被发掘出来，我们才能一步步接近成功。

立即行动，将执行进行到底

有两个年轻人姜明和鲁行同一天进入一个公司工作。姜明口齿伶俐，能说会道，在公司中人缘不错，尤其是在领导面前，他从来没有说过一句错话，而且每次有领导参加的集体活动，他总是能够在众人之中突出自己：要么讲一些笑话，要么给领导敬酒，每次都能博得领导的笑容。每一次公司有什么新的发展计划，他总是会提出一个几乎完美的方案，并用最精彩语言表达出来，让人听了热血

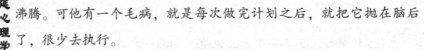

沸腾。可他有一个毛病，就是每次做完计划之后，就把它抛在脑后了，很少去执行。

而鲁行却和姜明恰恰相反，每次领导在的时候，总是默不作声，该怎样工作还是怎样工作，从不刻意表现什么。自己有了工作计划，就默默地去做，直到完成。有一次，姜明就对鲁行说：

"你看你，每次见到领导连句话都不说，你这样怎么能够赢得领导的欢心呢？"

鲁行说："我知道我自己不会表现，不会说一些冠冕堂皇的话，但我工作努力踏实，能够把自己的工作一步步完成，我想领导是不会看不见的。"

一段时间之后，由于公司要和香港一些大公司进行合作，所以需要从基层员工中选拔一位部门经理，消息一传出来，所有的人都很激动，尤其是姜明，觉得自己是最佳人选，原因就是领导很喜欢他，他在领导面前最会表现而且最有讲演的天赋。谁知道，公司最后决定任命鲁行为经理。

姜明知道后很不服气，就去问领导："为什么不是我？我哪一点不比鲁行强？"领导笑了笑说道："的确，你在某些方面是比鲁行强，比如你语言表达好，每次都能让大家感觉到你很能干，但是你却忽略了一点，工作不是空谈，而是脚踏实地地做，实干的人才是工作中最好的执行者。"

确实，不论一个人嘴上再怎么夸夸其谈而没有行动，再好的计划也只是空想，只有愚蠢的人才会这么做。优秀的员工都懂得只有行动才能证明自己的能力，用行动来替自己说话。工作中，只有重视实际执行的人，才能够提高自己的工作效率和工作成绩，才能为自己找到更广阔的发展空间。

我们要努力做一名能为企业创造经济效益的员工，一名能够推动企业健康发展的优秀员工，只有行动、只有去做才会实现，空谈是不可能帮你实现的。执行重于一切，它能帮助你去做你不想做而又必须做的事，同时也能帮助你去做那些你想做的事，它更能帮助你抓住意想不到的宝贵时机。

执行，需要的就是一种坚持到底的信念，有了这种信念，才能不计代价、战胜困难，使命必达。抱有这种态度的人，在执行工作的过程中从不会因为遇到困难而停止脚步，更不会在困难面前退缩，而是勇敢地去面对，积极地想办法。他们清楚，只要积极主动地面对，就一定可以找到排除困难的办法。

吴菲是一家公司的业务员。因为所学专业与她的工作并不对口，看着同事出色的业绩，她十分沮丧。公司里各种各样的琐事让她喘不过气来，她感到对工作和生活都失去了激情，整天愁眉苦脸，甚至怀疑自己的能力。

终于在某一天，吴菲找到老板请求调换工作。老板非常看重吴菲的聪明才智，也深信吴菲是位出色的业务人员。于是，他耐心地和吴菲谈了一次，并把一个非常重要、难度较高的项目交给吴菲。

回到家后，吴菲开始自我反省，并努力思考完成任务的方法。

老板交给她的项目虽然在别人眼里几乎是不可能完成的，但吴菲把自己的状态调整到最好，工作效率也大大提高，几个月后，她相当漂亮地完成了这个"不可能"的任务。

在完成任务的过程中，我们总会遇到很多困难，如果我们像吴菲一样坚持不懈，就一定能够突出重围。倘若遇到困难便退缩，所有的努力都将白费。

在奋斗的过程中，坚持是制胜法宝！世界上最容易的事是坚持，最难的事也是坚持。一个人想干成任何一件事，都必须拥有恒心和毅力，只有坚持不懈才能取得成功。特别是各种困难让你难以继续的时候，更需要你不松懈、不放弃，一如既往地努力下去，直到最后成功。就如英国思想家塞·约翰生所说："能否成大事不在于力量的大小，而在于坚持多久。"

如果你有能力，业绩却远远落后于其他人，最好自我反省一下：自己是否全力以赴、坚持不懈地把工作进行到底了？全力以赴，绝不轻言放弃，这需要自己对工作满怀激情，对企业充满忠诚，更重要的是，对自己的事业充满信心。只有经得起风吹雨打及种种考验的人，才是最后的胜利者。

如果执行不到位，不如不执行

在公司里，很多员工都只管上班，不管自己为公司做了多少贡献，只接受公司的命令却不关心结果怎样，这样把执行做不到位的现象似乎已经是大家工作的一种常态。这样的执行，不如不去执行。

执行不到位，不如不执行。这样的话绝对不是空穴来风随便说说的，有时候，执行不到位不仅会导致前功尽弃，甚至会给公司和个人带来极大的损失。

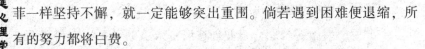

拖延心理学：改掉自身惰性原来如此简单

王旭是某城市报社的一名记者，对于报社来说，广告业务是非常重要的。

　　在一次同学聚会上，王旭听说他的一个老同学准备在城市的开发区投资，并计划在当地媒体投资上百万的广告宣传。听到这个消息，王旭觉得自己的机会来了。他开始积极地向他的老同学争取业务，最终他将这项业务揽入怀中。

　　这么大的一项业务让报社社长很是高兴，社长把这项业务交给了王旭，让他全权负责，并且决定在这项业务完成之后提升他为报社广告部负责人。

　　很快，开发区准备举行奠基仪式。那天王旭带上了社里最优秀的广告成员和记者，他们准备对奠基仪式进行大幅版面的宣传。奠基仪式结束以后，王旭的一位老朋友邀请他去共进晚餐。王旭觉得盛情难却，他想反正主要任务也完成了，后续工作交给这些同事就行了，于是他向同事交代了任务后，就离开了。

　　第二天早上，当他还满怀希望地来上班时，他的梦已经破灭了。报社社长怒气冲冲地扔给他一份当天的报纸。王旭看完报纸后，惊呆了。报纸的头版标题上写着：某某开发区昨日奠墓。

　　把"基"写成了"墓"，这对一个重视有个好彩头的公司来说，简直是当头一棒。他的老同学一怒之下取消了所有的广告订单，并向法院提起了民事诉讼，要求赔偿。报社的名誉受到了很大的损失，很多客户受其影响，纷纷取消了订单。

　　而此时的王旭别说是提升广告部负责人了，连自己的工作也保不住了。

　　王旭将自己的工作已经完成了90%，但是就因为差了最后的

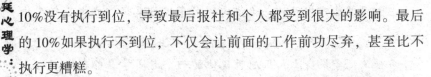

10%没有执行到位，导致最后报社和个人都受到很大的影响。最后的 10% 如果执行不到位，不仅会让前面的工作前功尽弃，甚至比不执行更糟糕。

职责所在，义不容辞。意识到这一点，努力在工作中做到这一点，以它为动力战胜困难，完成任务，那么你就是公司不可或缺的员工！当你养成毫不推托地执行的习惯时，你的业绩就会不断提升，你就能脱颖而出，从而受到领导的器重。

要想让任何执行都得到一个良好的结果，就需要把握执行过程中的两个关键点，只有这样，才能做到及时执行、有效执行、执行到位。

1. 明确要执行的任务

许多员工都有这样的想法，除非领导明确布置任务，平时不知道自己该干点什么，处于一种等、靠、要的状态，也就是人们常说的"眼里没有活"。这是一种极其被动的状态。为什么不主动执行呢？那么，怎样才能知道你该做什么，可从以下内容中找出来：

（1）公司目标。

（2）部门计划、任务。

（3）具体的项目。

（4）岗位职责。

（5）上级布置的任务。

（6）会议决策。

（7）协作的工作。

从公司的目标和部门的计划中，可以知道公司想达到怎样的目标。而从参与的项目和岗位职责中，可以得出如何帮助企业达到目标的方法。可以去做上级布置的工作，也可以主动协助他人做符合会议决策的工作。

2. 高效地执行

向上级执行汇报，不是简单的见面，而是要有所准备，即思路上的准备、内容上的准备和方法上的准备。以下几点值得注意：

（1）见面前，必须让上级感到与你有见面的必要。

（2）必须高度重视沟通技巧，如果在言辞上有缺陷，过于冗长或艰涩，或易于产生误会，就很难引起上级对你的兴趣，甚至引起上级的反感。

（3）选择汇报一个比较重要的成果，并提前做一些准备。

（4）为上级提供建设性、启发性的建议，让他感到大有收获，并根据你的汇报及时调整战略构想。

（5）运用坦率的态度更能赢得上级的信任。

（6）事先清楚上级最喜欢的沟通方式，如请示、商量等。

培养竞争意识，不再拖延自己的工作

不能立刻接受上司的任务，做不到"无条件执行"，很多时候是因为自己觉得执行起来有难度。其实，困难是自己想出来的，没有真的遇到，你怎么知道会有这些困难呢？你怎么知道这些困难是你克服不了的？

你感觉上司布置的任务对你而言困难重重，是因为你没有抓住问题的重点和关键。一旦你从心底里认为这个任务实行起来有困难时，你就已经开始软弱。这时如果你所想的只有逃避的理由，你就

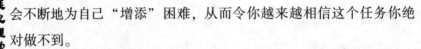

会不断地为自己"增添"困难，从而令你越来越相信这个任务你绝对做不到。

当你觉得任务困难重重时，不妨问一下自己："最大的困难是什么？""真正不可能克服的困难到底有几个？"通过分析，你会发现真正的困难其实不多，最多只有一两个。而其他所谓的困难，不过是乘虚而入的借口罢了！

当你发现真正的困难后，就抓住这个困难，集中火力"攻击"。

这时，你可以向上司询问与这个困难相关的信息。放心，你的上司绝不会因此而责怪你。上司布置任务时，最怕任务被推来推去。这时，你的发问证明你已经接受并开始执行任务，证明你已经经过分析，做好准备去执行任务了。而且，你经过分析而提出来的疑问，恰恰也是包括上司在内的所有员工的问题。

从你一针见血的问题中，你的上司会看到你的分析能力，以及你丰富的工作经验。其实这些你的同事都有，甚至比你更多。但上司只看到你，是因为你抓住了问题的关键，不被其他无关紧要的事情影响而迅速进入思索状态。

做到这一点，你就能让上司的眼睛一亮。在上司眼中你就是比别人强，你就是众人之中的佼佼者！

一天，经理召开了促销会议："今天是星期一，在这个星期天之前，必须把库存的400箱绿茶都卖出去！"

促销员们都纷纷摇头表示不可能……还有的促销员算起了账："1箱绿茶12瓶，400箱就有4800瓶！好家伙，一天要卖出800瓶！"

这时，促销员邓成问经理："有没有礼品馈赠？促销点设在哪

156

里？产品宣传由谁设计？"

大家纷纷静下来，竖起耳朵等待经理的回答，因为这几个问题可是促销的关键！经理用赞许的眼光看着邓成说："公司确实安排了礼品。礼品是环保袋和水杯，销售点位于学校、商场等地。既然你提出了问题，那产品宣传以及这次的任务就由你来负责吧！"

会议结束，邓成马上查找资料，积极进行准备工作。一周之后，绿茶虽然还是没有全部卖出，但也所剩无几了。

邓成的分析能力和工作态度给经理留下了深刻的印象，他的宣传设计和促销成果也使经理大为赞叹！不久后，邓成就成了经理助理。

邓成在接到任务时，没有像其他促销员一样，为任务的执行寻找困难。他马上接受任务，并开始思索促销的核心问题，找出解决促销困难的关键，然后及时向经理发问。

事实上，即使邓成没有发问，经理也会告诉大家公司确实安排了礼品。礼品是环保袋和水杯，销售点位于学校、商场等地。因为上司不会故意刁难员工，上司也需要业绩。

所以，对上司而言，邓成的发问虽然作用不大，但是却体现了邓成分析能力和对业务精通的程度，以及他果断执行任务的态度！

几乎所有的促销员都知道，礼品和促销点对销量的重要影响。但是在那一刻，他们都被看似难以完成的指标吓住了，只有邓成保持清醒、抓住关键，提出了解决问题的关键。那么，邓成的脱颖而出，自然是顺理成章的了。

抓住重点，一击即中

拖延在每个人身上都会存在，虽然不是每个人都是拖延者，但是谁都难以逃脱它的袭击。当一个人屡屡拖延的时候，他就成了一个拖延症患者。

总有一些早晨，你想赖赖床，对于早就计划好的事情，迟迟没有付诸行动，或者该开始而没有开始，该结束而没有结束。

在工作中，我们如何克服拖延的习惯呢？各行各业都需要具备竞争意识，只有看到他人的成功之处，并不断对自己提出高要求，工作才能越来越好。因此，具备了竞争意识，可以一定程度上减少工作中的拖延。

我们只看自己的成绩和努力，是为了能看到自己的进步，让自己不灰心。可长期这样下去，会让自己只看见自己微小的进步，并以此感到满足，而看不到自己和他人的差距。这种情况下，可能我们已经被落下很远了，还不自知，形成职业拖延。当发生职业拖延的时候，我们可通过培养自己的竞争意识，给自己提供前进的动力。

培养竞争意识的第一步是为自己树立一个学习的榜样，你的榜样不拖延，你就会要求自己不拖延。这个榜样最好就是你身边的同事，他离你越近，你就越容易看到他的成绩和优点，还能看到他是如何努力的。这个方法非常适用于那些没有太高追求，过于自我的拖延者。

我们小时候，都曾崇拜过英雄，期望自己就是某个故事里的英雄。现在我们要利用的正是这种心理。我们可以把榜样的业绩作为目标，通过一个月或者三个月的努力，赶上他。更重要的是要看看他有什么好的工作方法，自己也试试这些方法，渐渐养成好的工作习惯。

"榜样法"其实就是一个变相的目标设定法，把这个人当作自己追赶的目标。在选择自己的榜样时，有几点要注意。第一，在本部门中找一个人做自己的榜样，他业绩突出，工作踏实而努力。这个人未必是部门最优秀的，但一定要胜过自己，这样才能起到榜样的作用。第二，所选的榜样能给自己提供一些指导。有些业绩好的人，不愿意帮助他人，不能为我们提供太多指导意见，这样的人不适合做榜样。第三，我们的目标是赶上他，当你赶上他时，就可以为自己树立下一个更强的榜样了，当周围的人都被你赶上了，你肯定已经摘掉了职业拖延的帽子了。

除了用树立榜样的方式能培养竞争意识之外，还可以找一个竞争对手。这种方法更能起到督促自己的作用。在竞争对手的刺激下，即使你想放松、拖延，也会想办法打起精神来做事。

使用寻找竞争对手法，其实就是利用争强好胜的心理，帮助我们改变工作拖延。

小张在公司工作得很不愉快。因为小王总是拿他的拖拖拉拉开玩笑，他想还嘴，可是小王却偏偏什么都好，找不出什么毛病，而自己确实很拖拉，工作任务经常完不成。小张本想换个部门，可是争取了好几次都没有成功。于是他静下心来，干脆每天关注小王的工作情况，这个月的业绩怎样，每天怎样安排工作等等。他下定决心要超过小王，让他不能再拿自己开玩笑。于是他在暗地里加倍努力，能今天做完的事情，绝不拖延。他想，自己并不差，凭什么总是不如小王，整天遭到他的耻笑。第一个月，他比小王差，但是业绩高于自己的一般水平；第二个月，他们的差距缩小了；第三个月终于超过了一点……此时，小张发现自己不但超过了小王，而且今日事情今日毕，再也没有在工作方面拖延了。

后进的小张有着强烈的好胜心和自尊心，他不甘心落后和被嘲弄，这是他取得进步、克服工作拖延的法宝。他加倍努力工作，终于完成了自己的目标——赶超对手小王。这就是在争强好胜的心理下克服拖延的例子。

争强好胜的心理可以产生巨大的行动力量，换句话说，竞争意识可以帮助我们一定程度上克服工作中的拖延。为自己找一个比自己强，差距又不太大的竞争对手（差距过大可能导致放弃），然后开足马力，追赶他，这样原本你想拖延的事情，就变得不得不做了，而且好胜心会为你的行动提供动力。不要因为一次没有超过他就气馁，一次不行就两次，这次不行还有下次，在追赶的过程中，你在工作方面的拖延不知不觉就被克服了。

一般自尊心强的人，非常容易产生好胜心，竞争意识也更容易被培养起来。即使是拖延者也有自尊心，不然怎么会在拖延发生的时候为自己找借口呢？无非是想掩饰自己做事拖拉的毛病罢了。只要你还有自尊心，培养竞争意识的方法就适用于想要克服拖延的你。

面对任务，你的第一反应是服从

如果你目睹过军队的训练和生活，让你体会最深的可能莫过于"服从"二字。

长官一声令下，队员立即无条件执行——

滂沱大雨中，士兵照常训练，执行口令不得有丝毫懈怠；

没有长官的命令，行进路上的水洼沟壑好像根本就不存在；

新兵的第一次跳伞训练，每个人在机舱口都不得有一丝犹豫。

……

无论前面是水是火，只要你是一名战士，"毫无理由地服从"就是你的首要职责！

不仅仅是军队，对于任何团体和组织，服从精神的重要性都不言而喻。我们身边常常有这样或那样企图推卸责任或拒绝服从命令的情况发生：

"这件事我不大清楚，问别人吧。"

"老板，我星期六有事，您看看还有没有其他人选。"

"对不起，星期五下午我们不处理类似事务。"

"这个我不会。"

"学校里没教过这个。"

……

相信无论哪个领导都不愿听到上述回答。没有服从就没有执行，领导需要的是具有强烈服从意识的员工，而不是推脱责任的懦弱者。

企业在寻找能完成任务的员工时，首先强调的就是服从。没有为一个共同目标而执行的员工精神，企业也无法获得巨大的凝聚力。只有当所有员工的复命都指向企业发展目标，并为了同一目标而竭尽所能完成自己的小目标，企业才有真正前进的动力。

对于员工来说，工作中的服从不仅是对上级命令的贯彻，更表现了对工作的积极态度，意味着不逃避责任、热情投入以及奉献精神。

优秀员工不见得有超凡的能力，却绝对有着超凡的服从心态。他们勇敢地接受任务，积极主动地寻找方法，并对自己的执行结果及时复命，而不是一遇到困难就逃避、退缩，为自己寻找借口。

某公司采购部的经理张军满脸愁容地坐在办公室里，助理小倩关心地问怎么回事，经理答道："上次准备给公司采购的便宜货，根本就不能用，还是咱以前老客户老张的东西比较好。"经理把手上的文件摔到桌子上说："我怎么那么糊涂啊，还发信把老张给臭骂了一顿，说人家是骗子，这下不好办了！"

小倩听了说："我当时请您考虑好再发信，您不听。"

张军说："都怪我，当时脑子发热，想着人家东西那么便宜，老张骗了公司很多钱。"

然后，张军站起来在房子里走来走去，想着解决方法，他对小倩说："拨通老张的电话，我得给人家道个歉。"

小倩笑着说："不用了，经理，那封信我根本就没有发。"

"没发？"张军如释重负地坐在椅子上，过了一会儿，突然问道："我当时不是让你发了吗？你为什么没发。"

小倩得意地说："我想着您到时候肯定会后悔，所以就帮您压了下来。"

"可是这件事情已经过去半个月了，你都一直没有发吗？"

"是啊，经理，您没有想到吧？"

"那给上海的那几个信件发了没有啊？"

"发了，经理，我知道什么该发，什么不该发。"小倩满脸笑容地答道。

经理张军从椅子上站了起来，大声说道："你是经理还是我是经理？是你做主还是我做主？"

小倩没有想到经理会如此生气，委屈地说："我也是为您好，为公司好，难道我错了吗？"

张军斩钉截铁地回答："你当然错了，如果你认为我错了，你可以和我商量，你怎么可以擅作主张。如果这是一份军事情报，你知道后果吗？"

张军在自己部门内，给了小倩一个警告处分。小倩觉得非常委屈，认为自己好心没好报，于是她决定离开不再为这个黑白不分的上司服务，她到总经理办公室把事情的经过告诉了总经理，希望能够给自己换个部门。

总经理听了后，对小倩说："你先回去等通知吧。"

可是更让小倩没有想到的是，小倩等到的通知是离职通知。

面对任务，你的第一反应是服从，作为公司的一名员工，你要知道，不管你的领导决策是否正确，不管你的才华比领导高出多少，你都应该无条件地服从你的领导，如果你被领导发现你是一个自作主张，分不清主宾关系的员工，别说是有升职的机会，估计你连自己所在的岗位都很难保住。因为这种自以为聪明的员工，不仅对自己是一种威胁，对领导是一种威胁，对公司也是一种威胁，这种员工很有可能哪天会把公司的机密给出卖了。

服从是没有条件的，一个缺乏无条件服从意识的人，习惯寻找借口，总是和悲观主义、无助感等消极因素相伴。无条件服从是一种自信与勇敢的体现。思想影响态度，态度影响行动，一个无条件服从命令、不找借口的员工，肯定是一个高度负责和执行力很强的员工。对他来说，工作就是不打折扣地去执行，将结果交给老板。

很多人认为自己也能够服从上级的命令，但他们所谓的服从是有条件的，他们认为"对的就服从，不对的就不服从"，或者"能做的就服从，不能做的就不服从"。事实上，服从是无条件的，接到指令应该立即去执行，自作聪明的选择性服从只能是搬起石头砸自己的脚。

一个高效的企业必须树立坚定的服从理念，一个优秀的员工也必须拥有高度的服从意识。因为企业是一个整体，如果下属不能无条件地服从上司的命令，那么在达到共同目标的道路上，就可能产生障碍；反之，则能发挥出超强的执行能力，使团队和个人获益。

速度决定执行效果，一分钟也不拖延

1935年2月26日，红军在二渡赤水后，回师遵义，要二占娄山关，二夺遵义城。而贵州军阀王家烈派部队从遵义出发，企图在红军到达娄山关之前将其阻截。大约11点钟，红三军团司令员彭德怀得到这一情报。敌方部队距离娄山关还有两三千米的路程，为了抢先占领有利地形，彭德怀命令红三军团全速跑步前进。

结果，敌人没有跑过以行动神速著称的红军，红军比敌人早5分钟占领了娄山主峰。彭德怀率领部队登上了峰顶俯视遵义方向时，发现山北侧的敌军距离他们只有100多米远。随即，红军利用居高临下的地理优势，以雷霆万钧之势，向山下的敌人猛攻，打得他们抱头鼠窜。

在随后的几天里，红三军团和红一军团会合，一鼓作气消灭敌人两个师和8个团，取得了长征途中第一次重大胜利。

在长征途中，红军之所以能够在敌人的围追堵截之下夺关渡河，克敌制胜，关键的一个因素是行动神速，比敌人早几分钟占据战场枢纽，比敌人早几分钟到达目的地，比敌人早几分钟渡过河。一位红军将领曾说过："我们不需要比敌人快很多，也许只需要一分钟。但是，早一分钟，我们就具有了优势。"

"兵贵神速"这一战略执行原则，为古今中外所有的军事家所推崇。在战争中，无论是寻找战机，还是采取行动，都要比对手抢先一步执行，使对方处于被动应战的劣势地位。

商场如战场，瞬息万变，机遇稍纵即逝。如果你是一名员工，作为执行企业竞争战略和战术的"士兵"，为了抢占先机，把握住机遇，在执行的过程中一定要提高速度和效率，像彭德怀指挥下的红军战士一样，"全速跑步前进"，才能做到不折不扣地执行。

然而，有些员工总是被动执行任务，更有甚者，接受任务后，不能立即行动，而是把工作往后拖延。凡事拖拖拉拉，他们擅长找出成千上万个理由来辩解为什么事情无法完成，而对如何高效完成任务想得少之又少。

执行任务的关键在于立即行动不拖延。执行不拖延是企业赢得市场、站稳脚跟的法宝之一。因而那些优秀的企业不允许自己的员工有丝毫的拖延。

在著名的埃克森·美孚石油公司，"绝不拖延"便是其公司文化之一。

有一次，总裁兼CEO李·雷蒙德和他的一位助手到休斯敦一个区的加油站巡视，当时是下午3点，李·雷蒙德却看见油价告示牌上公布的还是昨天的数字，并没有按照总部的指令下调油价。他十分恼火，立即让助手找来了加油站的主管约翰逊。

远远地望见这位主管，他就指着报价牌大声说道："先生，你大概还熟睡在昨天的梦里吧！要知道，你的拖延已经给我们公司的声誉造成很大的损失。因为这个加油站目前收取的单价比我们公布的单价高出了5美分，客户完全可以因此在休斯敦的很多场合贬损我们的管理水平，并使我们的公司成为笑柄。"

意识到问题的严重性，约翰逊连忙说道："是的，我立刻去办。"

看见告示牌上的油价得到更正以后，李·雷蒙德面带微笑说："如果我告诉你，你腰间的皮带断了，而你却不立刻去更换它或者修理它，那么，当众出丑的只有你自己。"

其实，无论是公司还是个人，拖延的习惯都会给其带来严重的伤害。没解决的问题，会因为拖延而由小变大、由简单变复杂，像滚雪球般越滚越大，解决起来也越来越难。而且，没有人会为我们承担拖延的损失，拖延的后果可想而知。

比尔·盖茨说，拖延行事的人总是弱者。对于优秀的职员来说，工作需要的不仅仅是行动，还是立即行动。商机如战机，随时都可能消失，只有立即行动的人才能把握一切。

1954 年的一天，雷蒙·克罗克驾车去一个叫圣贝纳迪诺的地方，他看到许多人在一间简陋的快餐店前排队，克罗克好奇地上前去看，原来是经销汉堡包和炸薯条的快餐店，生意非常红火。人们买了满袋汉堡包，满足地笑着回到自己的汽车里。

克罗克知道，快节奏的生活方式就要到来，这种快餐经营方式代表着时代的方向，大有可为。于是，他毅然决定经营快餐店。他向经营这家快餐店的兄弟买下了汉堡包、炸薯条的专利权。

克罗克搞快餐业的决策遭到家人及朋友的一致反对，他们说："你疯了，都 50 多岁了还去冒这个险。"

克罗克毫不退缩。在他看来，决定大事，应该考虑周全，可一旦决定了，就要一往无前，赶快去做，行与不行，结果会说明一切，最重要的是迅速执行。

克罗克马上投资筹建他的第一家麦当劳快餐店，经过几十年的发展，克罗克取得了巨大的成功。

当今是一个竞争时代，竞争无处不在。不仅企业与企业之间进行着激烈的竞争，而且在企业内部、组织内部、团队内部的员工之间也进行着竞争。

避免拖延的唯一方法就是立即行动。的确，立即行动有时很难，尤其在面临一件很不愉快的工作或很复杂的工作时，我们常常不知从何下手。人最容易也经常拖延那些需长时间才能显现出结果的事情，因此不论事情大小，都不要放任自己无限期地拖延。拟定一个

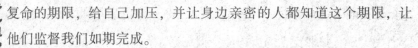

复命的期限，给自己加压，并让身边亲密的人都知道这个期限，让他们监督我们如期完成。

如果我们觉得工作很复杂，会导致拖延，不妨先把工作分成几个小部分，分别详列在纸上，然后把每一部分再细分为几个步骤，使得每一个步骤都可以在规定时间之内完成。

接到新的工作任务，就立即行动。诸如"再等一会儿""明天开始做"这样的想法，一刻也不能在我们心里存在。马上列出自己的工作计划，从现在开始，立即行动吧！

如果别人用两天才能完成的任务，你半天就可以"搞定"，那别人就没有理由说你不是优秀的，老板也没有理由不赏识、器重和提拔你。

第八章　自控法则：
先管控自己再解决拖延

很多时候，我们不得不承认人的意志力是薄弱的，在某种状态下容易拖延。就连那些通常能做到自控的人，在特定时刻也会拖延。拖延会带来罪恶感和挫败感，如果不加遏制，会使人无法自拔，陷入恶性循环。所以，我们应该加强自控能力，用自控力去克服拖延。

拖延是自控力差的表现

明代钱鹤滩写的《明日歌》："明日复明日，明日何其多？我生待明日，万事成蹉跎。"说的就是拖延心理。在现实生活中，总有一些人喜欢把今天的事情放到明天去做，明天的计划拖到后天去执行。有了想法不去实现，而在行动上一拖再拖，这是典型意志力不坚定导致自控能力下降的表现。

其实，很多人都有过拖延的经历，想要完成一些事情，但却放着迟迟不动。例如我们想补充文化知识，从书店买来很多书，但却一直没有时间看，只把它放在书架上当装饰物；我们想锻炼身体，到健身房办了一张健身卡，但却总想着过两天再去，直到健身卡到期可能也没去几次；我们想提高自己的工作效率，但却一直拖着计划不去实施，只用一句"晚几天再做也没什么"就安慰了自己，最后工作越堆越多。

为什么有人能获得成功，有人却注定失败，这都是拖延心理导致的。成功人士有很多优秀的品质，他们意志力坚定，能控制自己，坚持不懈地努力，做事也绝不会拖拖拉拉。而失败的人纵然有崇高的理想和一腔热血，但却不去控制自己，付出行动，即使成功就在前方，也会与它擦肩而过。

记得有一个关于寒号鸟的故事。寒号鸟的羽毛美丽，歌声嘹亮，就是不够勤奋，它看到别的鸟类都在为冬天准备粮食、垒窝时，自己却不着急。冬天一眨眼就到了，其他动物都在窝里感受温暖，只有寒号鸟在凄冷的寒风中哀叫："哆啰啰，哆啰啰，寒风冻死我，明天就垒窝。"可是每当第二天太阳出来，温暖地照在它身上的时候，它就又忘了风的寒冷。寒号鸟日复一日地拖延，终于有一天春天来了，其他鸟类都出来拥抱温暖的大自然，而寒号鸟早被冻死在外边了。

鲁迅先生说："伟大的事业同辛勤的劳动成正比，有一分劳动就有一分收获，日积月累，从少到多，奇迹就会出现。"然而寒号鸟只知道拖延，不付出辛劳，奇迹自然不会降临到它的身上。拖延是一种态度，也是一种习惯。当你习惯了拖拖拉拉，纵然能让自己一时轻松，却会为日后带来更为负重的负担。

自控力差导致的拖延会使人们在工作、学习或生活中受拖延之苦，为人们计划的执行和任务完成都造成很大负面影响。网上有一张有趣的暑假时间和暑假作业完成量的函数图显示，学生们把暑假的大部分的时间花费在玩上，只有最后的小部分的时间用来完成暑假作业。而且在这有限的几天时间内，他们还是一拖再拖，直到开学前最后两天，才会拼尽全力写作业。学生们肯定会想，只要作业写完了就行，至于早几天和晚几天根本没有区别。但是他们这种想法完全是错误的，拖延完成作业给他们带来的负面影响就是作业质量下降。

心理学家对拖延心理做了多项研究，其中一项研究了拖延心理对任务完成质量的影响。试验人员以大学生为被试者，将他们分为A、B、C三个组。这些被试者都需要在三周之内完成三篇论文，交付时间不得延期，只不过试验人员对每个组交代的方式不同。对于A组，试验人员告诉他们可以在三周的最后一天交三篇论文；对于B组，试验人员告诉他们，上交论文时，试验人员会记他们上交论文时的时间；对于C组，试验人员告诉他们每个周末都要交一篇论文。等学生们交上论文后，试验人员对这些论文进行评分，结果发现，三个组中论文写得最好的班级是C组，最糟糕的是A组。

通过实验可以看出，A组可以在最后一天交上三篇论文，而且不在完成时间或进度上做任何规划，这样他们在三周时间内可以尽情放松，把写作任务都推到最后几天。因为急着赶工，不能对论文的内容进行深入思考，所以写出来的东西禁不起推敲。而C组被告知每周末交一篇文论，首先帮他们把一项大的任务分成了三个小任务，这样学生能进行规划与统筹安排。即使他们也会拖延到周末最后一天去执行，但一次赶制一篇论文总比一下赶制三篇来得轻松，自然就能写得更好。

洛克菲勒曾经说："不要等待奇迹发生才开始实践你的梦想，今天就要开始行动。"无论你拖延或是不拖延，事情都在那里，不会随着时间的流逝而减少。既然我们早晚都要完成这些事情，为什么不早点做完呢？拖着不做只会让任务越积越多，并且不能做得精细。而早点将计划付诸行动，才能品尝到美味可口的果实。

要想用坚定的意志力约束自己按照计划完成任务，就需要与拖延心理做抗争。只有提高自控力，打败拖延，才能更好地完成任务。

怎样才能提高自控，摆脱拖延的困扰呢？

如果我们需要在一段时间内完成一些工作任务，可以先将整个任务分成几个小部分，记录每天需要完成的任务量。每天完成一些，就会感觉很轻松，日积月累任务总量就够了。你还可以在心里"欺骗"一下自己。比如说，虽然工作完成时间是一个星期，但你可以在心里对自己说："还有三天就要上交任务，一定要抓紧时间完成。"当你给自己造成一种急迫感，就不愿再拖延时间了。

此外，你还以靠奖励的方式让自己打败拖延。每次如果能及时完成任务，就给自己买一个喜欢的东西，这样也能增强行动的积极性。

不为拖延找借口

每次拖延发生之前，都会有一个冠冕堂皇的借口。虽然我们都知道那些借口是糊弄人的，不过是为了掩饰自己的拖延行为，还是忍不住为自己的拖延行为找借口。因此，克服拖延的第一步，就是不要使用那些借口。为此，我们应该如何做呢？

1. 不把忙碌当成拖延的第一个借口

上班族的一个借口是：忙！"我工作太忙了，没时间陪家人""我最近很忙，不能去锻炼了"……无论什么事情，只要你说工作忙，基本不会招来反对意见。而这个理由也最方便。在工作中，谁知道你是不是真忙，不忙也可以说忙。只要你不想做事，就可以说："我忙，没时间。"

还有人为了能名正言顺地说自己忙，干脆瞎忙，每天摆出一副忙得不可开交的样子。不是打电话就是发邮件，要是你耽误他一点时间，他就会不停地看表，告诉你他的事情还有很多。

当你想用拖延说服自己不去做某件事的时候，稍微停顿一下，问问自己，真的就忙到了这种程度吗？是否可以抽时间锻炼一下身体、陪伴家人和孩子？事情不是一下能做完的，各种责任都要兼顾。

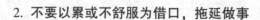

2. 不要以累或不舒服为借口，拖延做事

人们都知道一个健康的体魄是多么重要。因此，你说自己太累或者说自己不舒服，当然不会有人再强迫你做事。可是对拖延者来说，他前一刻告诉我们他太累了，可后一刻，就能看见他生龙活虎地在做自己感兴趣的事情。这就像是装病不想上学的孩子，他们声称自己不舒服，不能去上课，可待在家里玩一天电脑游戏也不成问题。

如果没有人监督，你会说自己太累了，而不做该做的事情吗？当你拖着事情不做的时候，是否在忙其他的呢？我们并不是把人当成超人，而是如果你为了拖延某事才这么说，那可要警惕自己的拖延动机了。

3. 不要以为时间多得是，而把事情拖到最后一刻

做事不慌张的人，让人感觉神闲气定，招人羡慕。有些人面对什么任务都不急不火，并不是由于自信，而是因为他们根本没把这个任务当成一回事。只要还能拖，就坚决不做。

每个月需要上交的报表，有人是每天做一点，当天的业务，当天就会录入工作报表。而有人则会说，那是月底的事情，月底再做就行了。可是天知道月底那几天还会有什么突发的事情，如果不巧赶在月底那几天你感冒了，可能要鼻涕一把泪一把地对着电脑和手工台账做报表了。

不要以时间还多为借口，只要今天还有时间，就把未来需要完成的任务做一部分，这样每天下班的时候，你的心情都会轻松很多。

4. 不要说自己在做一件更重要的事情，而把该做的事情搁浅

这种借口也很常见，为了不做那些该做的让你感到厌烦的事情，你宁可做另一件喜欢的事情。很多孩子上学的时候偏科，在准备期末考试的复习中，他们总是把不喜欢的科目放在最后，先复习自己喜欢的科目，

最后仓促地浏览一遍不喜欢的科目，或者干脆不看了。这样一来，本来感兴趣的科目成绩就不错，现在是好的更好了，差的也更差了。

一件事情如果真的那么重要，自然应该先做。可你每次这样说的时候，需要问问自己，你说的是真的吗？放在前面复习的科目为什么就重要呢？即使你讨厌数学，可它是必考科目，而你又不擅长，是不是应该提到更重要的位置上来呢？

拖延者为自己找借口的本领非常之强，有时候，你会听到理直气壮的声明："不，我就不想做！"他们已经发展到不用掩饰，而是赤裸裸地拖延了，就连责任也不能约束他们。

如果你有拖延的毛病，可千万不要发展到那一步，还是看看身边那些从不拖延的榜样，他们是怎样协调好各种事情的，为什么能轻松地完成各种任务？我们的目的是摆脱拖延，让自己把生活和工作安排得更轻松、合理，而不是整天自己跟自己"打官司"，整天告诉自己"这个理由可以让我不做事"，到头来，什么事情都没解决好，一切都让人感觉糟透了。

适当关闭手机，切断干扰源

信息时代，智能手机已经进入生活的方方面面，每个人除了可以利用手机打发碎片时间，其他诸如购物、社交，甚至工作都可能需要用到手机。人们每天使用手机的时间越来越多，那么，你每天花多少时间玩手机呢？

特恩斯市场研究公司（TNs）是一家全球性的市场研究与资讯

集团，他们最近的一项研究显示，全球 16—30 岁之间的用户每天使用手机的时间平均为 3.2 小时，而中国手机用户的平均使用时间为 3.9 小时。在 TNs 的调查结果中，中国用户每天使用手机的平均时长仅次于泰国的 4.2 小时，位列全球第二。换而言之，大部分中国人，每天 24 小时，除去睡觉的 8 小时和吃饭的 2 小时，其余的 14 个小时里，除了工作时没空玩手机，剩下的时间有接近 4 个小时在使用手机，几乎占到了所有剩余时间的一半。

那么，人们每天用手机都在干什么呢？根据调查结果显示，使用社交网络和观看视频分别以 46% 和 42% 的比例占据使用频率的前两位，而在线购物以 12% 的比例位列第三。刷刷朋友圈，看看微博，逛逛淘宝、京东等，这些基本上是手机使用频率最高的行为。

13 岁的小松刚上初中，为了方便他更好地学习，父母为其添置了手机，主要用于查资料。平时小松只是在学习之余才上上网，大部分都用于学习。

不过，近一段时间，小松用手机的频率比较多，经常是一回家就躲进家里的书房一个人玩手机。刚开始，父母还以为小松只是用手机在学习，也没多注意。

后来有一次，父亲无意间经过书房，打算看一下小松的学习情况，推开房门才发现小松根本没有在学习，而是在玩游戏。父亲十分生气："小小年纪不学好，玩什么游戏，这会让你成绩直线下降的。"小松很无辜地看着父亲，说："可是班里的同学都在玩，他们天天谈论的都是游戏里的角色，我发现自己根本插不上嘴，我也是受他们影响，而且好多同学都会直接带手机去学校里玩，我只是晚上玩一会儿。"父亲当即打电话向老师了解情况，这才知道，不仅初中生，连小学生都陷入了这款游戏的诱惑之中。面对这样的环境，父亲表示很无奈。

　　其实，把花在手机上的时间拿出来关注自己，你会得到更多，努力工作你会得到报酬，多点时间关心身边的亲人，你的生活会更温暖。何必拿着冷冰冰的手机，只知在朋友圈关心、关注那些你压根就不熟的人，而放任亲人在身边不闻不问，让亲情渐渐淡薄？

　　你是否有计算过自己每天花了多少时间来刷朋友圈？当现代社会的电子产品更新越来越快，社交网络越来越发达，越来越多的人成为低头族，吃饭时刷手机，走路时也刷手机，上厕所时手机似乎比手纸更重要。那么，你花在手机上的时间有多少呢？一小时？两三个小时？三五个小时？还是五个小时以上？

　　有人甚至说，手机是现代人唯一离不开的东西。每天起床后，都会随手打开手机，点开微信朋友圈去看动态，一条一条往下翻，看到朋友的动态随手点个赞，看到有意思的内容再评论一下。刷着手机，可能半个小时很快就过去。因为总是玩手机，所以人们产生了一种错觉：玩手机时间很快就过去了，而上班时总感觉时间好难熬。

　　大部分人玩手机上瘾、刷朋友圈上瘾，每天有空时就去刷朋友圈，有些人甚至在工作时也会去点开看一下。其实很多时候别人并没有更新动态，刷了几次还是那几条；但自己就像着魔一样，总是想去看看。

　　手机的高频率使用，导致一大批手游滋生。平日里喜欢在电脑上玩游戏的人，开始将注意力集中在手机上，毕竟比起电脑而言，手机更便于携带、更好操作。于是，人们花了更多的时间在手机游戏上。

　　曾有脑科学方面的专家对此进行研究后表示，每天长时间刷手机会严重分散人的注意力。研究显示，脑的前额叶处理问题的习惯倾向于每次只处理一个任务。多任务切换，只会消耗更多脑力，增加认知负荷。因此，有科学家相信，这种"浅尝辄止"的方式，会使大脑在参与信息处理的过程中变得更加"肤浅"。美国学者甚至以"最愚蠢的一代"来讽刺信息时代的低头族们。对此，我们该如何拯救我们的现状呢？

1. 多运动，丰富生活

在闲暇的时候，多进行瑜伽、打篮球、跑步、深呼吸等活动，让生活变得充实，同时也可以放松身心，不要让自己的生活太无聊了。当一个人无聊的时候，就会不断地用手机来填补空虚的兴奋感，好像手机是自己获取外界信息的唯一通道一样。

2. 减少看手机、用手机的次数

下意识强制自己每几个小时才去查看一次手机。如果必须随身携带手机，就把手机放在包里，并强制自己不要频繁打开包查看手机。长时间使用手机会形成一个习惯，想要改变习惯，需要一定的强制性才能达到效果。

3. 彼此提醒少用手机

其实很多人之所以使用手机的时间那么长，就是因为他们的周围充斥着低头族，而他们自己也不明白用手机的确切目的。在手机上，他们打开微信、打开微博、打开抖音，就这样一个一个看下去，漫无目的，最终时间过去了，也不知道自己看了些什么。在生活工作中，你可以与身边的亲友彼此协商好，让对方监督并提醒你。比如，在你使用手机时间过长时提醒下，在一些场所提醒你不要使用手机等。

4. 删除不常用的程序

有的人在手机上装了很多 APP 应用，有购物、旅行、理财、游戏、微信、QQ等。手机上装的应用太多，会影响手机的运行速度，而商家的推送信息则会干扰我们的注意力。对于手机上一些不常用的应用，可以删除，这样既可以腾出内存空间，还能够减少干扰，何乐而不为呢？

5. 别把手机放在床头

很多人早上睁开眼睛的第一件事情就是看一下手机，看看朋友圈有没有更新等。每天晚上睡觉之前，很多人也要看手机，但这样不仅伤眼，还会影响睡眠质量。睡觉时若将手机放在旁边，因为手机的辐射，人们在睡觉的时候对外界的防御能力是很低的。

6. 找其他东西代替手机

不要一遇到问题就想到手机，也许有其他更好的方法，去寻找、去尝试，以此减少对手机的依赖。比如，拍照的时候可以用数码相机代替手机。

7. 坚持每天写日记

记下每天使用手机的时间和目的，这样可以让自己真正了解整天拿着手机是在做什么。也可以写一些你认为有意义的事情，让自己多发现身边的人和物，这样不仅可以戒掉手机瘾，还可以扩宽自己的视野，并且能够锻炼自己的语言组织能力和表达能力。

在巨大诱惑面前，更要提高警惕

人们经常为了寻求一刻的振奋，享受眼前的快乐，宁愿放弃未来的幸福。就像我们不断探索石油宝藏，为了现在生活安逸，不考虑以后的资源危机；我们拿着信用卡，为买东西满足自己的欲望，就一次又一次透支，却忘了考虑高额的利息；我们宁愿担惊受怕，哪怕只把钱拿在手里多一分一秒，也不去想拖延交税日期的高额罚款。我们想要得到什么，就觉得应该立即满足，不能把它拖到明天。

也许忍耐巨大诱惑，对你来说难以忍受。长时间的忍耐是非常消耗自控力的事情，这会使本来极为诱惑的东西，在你面前失去诱惑力。例如，人们参加一次拿食物比赛，只要能等待两分钟再拿，就能拿到想要食物的数量的三倍，也就是说你想要两份食物，推后两分钟再行动，就可以拿走六份。六份食物相对两份来说，诱惑力显然是巨大的。经济学家曾经对黑猩猩进行考察，发现它们虽然智商不如人类，但却知道数量多比数量少更有诱惑力；然而人类在挑战比赛时，只让他们稍等两分钟再去拿食物，就有大部分的人忍耐不了。他们为了满足一时的快乐，不愿忍受那短暂的一段时间，心理学家把这一现象称为"延迟折扣"。

"延迟折扣"与人用意志力进行自我控制的程度有关。当你的意志力薄弱，屈服于眼前的诱惑时，你未来可能会受到影响。人的理性是有限的，当被诱惑蒙蔽双眼，就会改变自己的主意。只有在理想的状态下，个人才是理性的，而大多数人会选择即刻的满足，也就是说我们在做出自控行为之前，意志力是一直存在的，直到面临无法抵挡的欲望时，我们的意志力就有限了。

为什么会出现这样的情况，原因在于我们的大脑的奖励系统还没有进化到对遥远的奖励做出回应。例如你如果花费三年五年，甚至更多年去努力工作，说不定业绩突出升职加薪。这种回报对你来说是美好的，但是我们的大脑无法想象这种满足感的推迟实现。当多巴胺在大脑中起作用的时候，你很难将那些在远方的奖励与现在的生活挂上联系，我们想到的只有明天或是后天，几年、几十年，那可真是太长久了。

面对诱惑，谁都无法抵挡。不同的人，对诱惑的抵抗力不同。不是人们难以抵挡诱惑，而是抵制诱惑的底线不同。诱惑越大，抵制诱惑的成功性就越低。就好比面对传销商品，你可能坚决反对购买。先把产品好坏放在一边不说，想到商品一层一层销售下来，到我们购买的时候，价格不知增加了多少倍。但是，随着你身边的熟人不断向你讲述这个东西用过后多么好，能让皮肤多么光鲜亮丽，而你自己正好有心改善一下皮肤问题，听他人这么一说，你会想买什么东西都是要花费的，还不如买熟人介绍的。接着，你的意志力就松懈了，即刻决定先买来试一试。可见诱惑的大小会直接影响一个人对诱惑的抵抗力。

心理学家曾经做过一个手机短信试验，意在考察人们面对诱惑的抵制力。试验中的被试者们被分成两组。第一组被试者被问到，如果收到一个重要的人发来的短信，是选择立即回复还是等待一阵再回复。如果当下回复，能得到5美金的奖赏；如果等到一阵再回复，就能得到最多可达100美金的奖励。等待的时间是1到480分钟。第二组被试者被问到的问题是选择两种拿钱方式，现在立即拿钱可以得到5美金；等待1到150天，就可以最多得到100美金。两组被试者们到底会怎么选呢？他们都选择等待，以便拿到更多的钱。不过对于第一组被试者来说，回复重要人物的短信也具有巨大诱惑力，再加上金钱奖励，这等于是双项诱惑，让人难以抉择。所以他们等待的时间相对来说要短暂一些。

　　个人面对的诱惑越大，越难以抵挡，人在抵抗巨大的诱惑时，需要的自我控制能力更强。如果你认为今天的快乐比明天重要，未来的奖励是未来的，先满足了自己眼前的欲望再说，这足以说明你在很多方面的自控能力都是很薄弱的。例如你抽烟喝酒，满足一时欲望，身体的健康以后再考虑。你关注了当下的想法，却忽视了未来的重要，不能延迟满足，可能会后悔莫及。

　　那么，我们该如何做，才能抵制巨大的诱惑呢？首先良好的心态是不可或缺的。你需要知道一分耕耘一分收获，只有付出才有回报，这样就不会等着天上掉馅饼，而会变得更加理智。你也需要全面了解诱惑带来的结果是良性还是恶性，这样就能在巨大诱惑面前合理控制自己。

　　阿桑娜的梦想是成为一名医生，但是她却对社交网站上瘾了。除了睡觉，她无法不让自己去社交网站上关注别人，就连上课她都在浏览，例如看朋友的相册、推送、最新消息等。她知道这样会错过现实世界许多有趣的事物，但她无法抗拒，所以她认为是时候找个办法控制自己了。她把社交网站看作成成为医生的最大障碍，只要一上网浏览，她就告诫自己再这样下去就成不了济世救人的医生了，这样不值得。她还为自己的头像用图像处理方式安了一个医生的身体，再把它作为手机和电脑桌面每天激励自己。当她这样做时，自控力就变强了。

　　此外，要控制自己不受诱惑，还要善于搜集信息。看到眼前事情要想到不加控制的结果，这样能让你对整件事的做法作出更合理的判断。想到不理想的结果，更有利于帮助自己抵抗巨大的诱惑。

将怨气付诸实际行动

英国著名作家奥利弗·哥尔德斯密斯曾说:"与抱怨的嘴唇相比,你的行动是一位更好的布道师。"面对生活里的一丁点不如意,人们最普遍的习惯是抱怨,不停地抱怨,抱怨父母不理解,抱怨社会太现实,抱怨朋友的欺骗……于是,抱怨成了一种习惯。然而,那些不如意的事情、悬而未决的事情并没有得到真正的解决,自己的情绪反而因为抱怨而陷入了恶性循环,这就是抱怨所带来的负面影响。我们所生活的世界每天都在发生变化,每天也许都会遇到令我们烦恼的事情,关键的是,对此我们自己做了些什么,我们的态度又是什么?

从前,有一位年老的印度大师,在他身边有一个喜欢抱怨的弟子。有一天,印度大师让这个弟子去买盐,等到弟子回来后,大师吩咐这个喜欢抱怨的弟子抓一把盐放在一杯水中,然后喝了那杯水,弟子按照师傅的吩咐一一做了,大师问道:"味道如何?"龇牙咧嘴的弟子吐了口唾沫,说道:"咸!"

大师一句话没说,又吩咐弟子把剩下的盐都撒入附近的一个湖里。听从师傅的吩咐,弟子将盐倒进湖里。大师说:"你再尝尝湖水。"弟子用手捧了一口湖水,尝了尝,大师问道:"什么味道?"弟子回答说:"味道很新鲜。"大师继续追问:"那你尝到咸味了吗?"弟子回答说:"没有。"这时,大师才微微一笑,说道:"其实,生命中的痛苦就像是盐,不多,也不少,在生活中,我们所遇到的痛苦就这么多，但是，我们体验到的痛苦程度取决于将它放在多大的容器里。所以，面对生活中的不如意，不要成为一个杯子，老是抱怨，而要成为湖泊，去包容它，通过实际行动来改变自己的现状。"弟子若有所悟地点点头。

什么是抱怨呢？有人说这是一种宣泄，一种心理平衡，似乎抱怨可以将那些不如意的事情发泄出来。每天，每个人可能都会面对许多不如意的事情，如果能做的只是抱怨，抱怨久了就会形成习惯，而抱怨的根源是对现实的不满意。

王小姐是公司负责企划案的经理，最近，她手头刚刚接了一个企划案，需要另外一个部门的配合才能有效地执行方案。可是，令王小姐感到苦恼的是，自己的搭档因为觉得所附加的工作量太多，不愿意去做，还责怪王小姐："我最近都很忙啊，你拿这样的企划案来找我，真是没事找事。"王小姐心中一肚子怒火，忍不住找同事抱怨："咱们都是为工作，我们行，她怎么就不行呢？"说着说着，王小姐发现自己的怒火越来越大，甚至一看见自己的搭档，心中的火气就"腾"地一下冒起来了。

后来，王小姐意识到这样做根本不能解决问题，需要自己耐心沟通。她心想：抱怨毕竟只是发泄，解决不了问题，既然是为了工作，那就要对事不对人，得找她沟通去。后来，王小姐找了一个机会把自己的意图跟工作中的搭档解释了一下，对方竟欣然接受了即使加班也要完成工作的要求。工作任务完成之后，王小姐长长地舒了一口气，说道："如果当初我继续抱怨下去，就会影响我跟她继续合作的情绪，工作肯定完成不了，看来，以后我得少抱怨多行动才行哪！"

有时候，我们在工作中会遇到一些人际麻烦，有的人的处理方式是跟其他人抱怨，这无疑是制造了一个"三角问题"：自己和工作搭档有问题，却和另外一个人去讨论这些事情。事实证明，一味地抱怨根本解决不了问题，改变事情现状最有效的方式是行动，只有行动才能改变事情。所以，请停止抱怨、放弃抱怨，立即开始行动吧！

从前，在魏国东门有个姓吴的人，他的独生儿子死了，可是，他看起来一点都不伤心，每天仍早出劳作，快乐自在。有人对此感到不解："你的爱子死了，永远也见不着了，难道你一点也不悲伤吗？"那位姓吴的人却回答说："我本来没有儿子，后来生了儿子，如今儿子死了，不是正和我以前没有儿子时一样吗？每天那些农活依然是我的工作，我又何必去忧伤呢？花费时间去伤心，不如将这些精力投入到实际行动中来。"

面对抱怨，我们的正确态度应该是什么？

1. 过分抱怨会令人丧失行动力

阿尔伯特·哈伯德曾说："如果你犯了一个错误，这个世界或许将会原谅你；但如果你未做任何行动，这个世界甚至你自己都不会原谅你。"抱怨，它只是一种语言，而不是行动，当一个人过多地被语言困扰的时候，就会失去行动力。当然，将抱怨转化为动力，我们还需要拥有广阔的胸襟，只有看透抱怨的实质，我们才有可能将怨气化为动力。

2. 行动比抱怨更有效

来到这个世界上，面对生活中的诸多不如意，我们只有两个选择，要么接受，要么改变。抱怨会成为我们接受事实的一个阻碍，我们总是想到：这件事对我是不公平的，这样的事情怎么会发生在我的身上呢？我怎么能接受这样的事情呢？由此，一种强烈的倾诉欲望开始萌发，我们要去对别人诉说，以此证明我们的无辜和委屈，于是，在我们抱怨的时候，我们已经失了去改变这件事的机会。当我们无休止抱怨的时候，为什么不去想想比抱怨更好的解决方法呢？

拒绝没必要的事情

有时候，我们因为不好意思拒绝别人，就随意答应别人的请求，后来又因为自己没有能力做到而失信于人，我们就会自责、自卑，为颜面尽失而后悔不已。这会引起个人自控能力的下降，助长拖延的坏习惯。

奥林科技公司数据部的前主管是个无力拒绝别人的人，下属都称他为老好人。只要下属在工作中碰到难题，大事小事，只要找他办理，他有求必应。他在管理期间，虽然把部门事务处理得还算妥当，但总是没有什么较大起色，所以公司任命张凯为新任数据部主管。

张凯对改变部门状况十分有信心，当他满怀热情上任的第一天，部门助理就对张凯说："主管，我有一份报表不会做，你能帮我做吗？"张凯听到助理的请求很诧异，因为这些事情根本不是主管应该干的。他本来十分生气，但是转念一想，自己第一天上班，别因为一点事情伤了和气，于是就对助理说："真不好意思，我现在有很多事情要处理，实在很忙，等我忙完这一阵，再帮你处理报表吧。"助理一听张凯这样说，只好回去自己做了。因为张凯只是说过了这一阵再帮助她，具体需要多长时间谁也不能确定。而且助理的报表是急着要的，哪里能等一阵时间。张凯用这样的拒绝方式处理了很多下属的请求，时间一长，下属有事都能尽量自己处理，不再麻烦主管。每个下属的工作能力得到提高，部门业绩也有了很大提升。

张凯这种处理方式，既拒绝了下属，也不会让下属心生抱怨，这是合理的拒绝之道，也是自控力高的表现。如果他像前主管一样对下属的要求有求必应，不但放纵自己，也放纵了下属的行为，就很难帮助部门改善现状。但是，张凯能谨慎控制自己的言行，既不得罪下属，也能让下属在不知不觉中提高个人能力。可以说张凯在用强大的自控力约束自己的同时，也帮助下属提高了工作中的自我控制能力。

其实，很多人一直在浪费时间，被没必要的事情冒出来"喧宾夺主"，让该做的事情拖延下去了。数一数自己一天做了多少没有意义的事情，上网浏览了多久没有意义的信息？同学聚餐是每次都非去不可吗？这些事情都是必要的吗？有些事情，既不是你喜欢的，也不是必要的，那么你就要拒绝它们，以便把精力花费在有意义的事情上，克服拖延症。

想一想，在生活中，有什么事情是需要拒绝的呢？至少有几类事情需要拒绝。

1. 没有意义而浪费时间的事情，必须拒绝

你的生活中有多少事情是没必要的？一些事情不仅仅是消耗了你的时间，而且它不是让你进步，而是拉着你往下滑，怎么可以长期这样下去呢？如果你正准备考研，积极为迎接考试做准备，而一些同学成立了学习小组，邀请你加入。可你去了才发现，他们除了谈天说地，针对一个问题讨论半天，剩下的时间就是吃饭，这样的

事情你还要参与吗？你当然可以果断地拒绝，他们不是要跟你共同实现考上研究生的目标，而是让你浪费了复习功课的时间。

一个拖延者，常常分不清事情的重要和必要程度，结果导致浪费了时间而没有收获。拖延者需要做的事情是，分清楚自己需要什么，不需要什么，明确地判断出浪费时间的事情，并将它们从你的生活中踢出去。

2. 拒绝习惯性的无意义行为

有时候，我们不是为了明确的目标在做一件事情，而是因为习惯在机械地做事。有些上班族，上班后的第一件事是看新闻。并不是他有多么需要了解时事，而是习惯打开电脑就机械性地开始浏览新闻。这是一种无意识的冲动，跟自己要做的事情完全没有关系，为什么还要这么做呢？对这类事情，必须说不。有些家庭主妇，开始做饭，就觉得厨房不够干净，一边做饭，一边整理厨房，结果每次做饭都要拖拉很久。如果先清理好，再做饭不是更好吗？

3. 不是分内的事情，就要拒绝

在生活或工作中，总有些人喜欢给你添麻烦，本来不是你的事情，但是他们非要你帮忙。当然，我们知道助人为乐是优秀的品质，可是人们都把事情推给你的话，你还能有时间做自己该做的事情吗？你必须告诉自己不能做老好人，那样你将失去自己的很多时间，最后导致自己的事情被一拖再拖。

4. 对网瘾说"不"

大概它是目前最浪费时间也最容易上瘾的事情了。网络游戏、小说、影视剧、八卦新闻、社交网站、网购等等，对不同的人形成不同的诱惑。手机、电脑随时随地都会让你浪费一些时间。你必须对这些说不。

你的电子信箱里每天都会收到大量的邮件，多数都是垃圾广告。没有必要每隔一会儿就看一眼，每天用固定的时间处理一下，就足够了。

网络上有很多诱人的东西，网络新闻的标题变着花样吸引我们的目光，更不用说游戏广告和网购的广告了。沉溺于网络，会让人消耗大把的时间，而一旦成瘾，就会让人在该做的事情上开始拖延。为了让自己的精力不被互联网分散，斯坦福大学的劳伦斯·莱斯格先生做出了一个重要的决定：每年中都关掉自己的网络一个月，连打电话的次数也尽量减少。每当他需要集中精力的时候，也会拔掉网络线路，让自己安静地工作。

你也可以像他这样做，但大多数人会提出反对意见，"那我可能要错过一些重要的事情了！"真的有那么重要的事情，需要网络来解决吗？如果你觉得一个月，确实会耽误你一些事情，那么几个小时呢？或者每个月的某几天怎样？你可以试试在晚上下班后，不开电脑，不玩手机。这样解除了断网的焦虑感后，每个月选出适当的几天，给家里断网。

拒绝以上几类事情，仅仅是一个开端，更重要的是，你需要对自己的事情做出更深的思考，你的生活中应该有什么，应该没有什么，当你制订了自己的标准之后，你的拖延就会逐渐减少，并能够在生活上获得更大的自由。

想到，就要去做到

想和做是有差别的，别人做和自己做也是有差别的，而主动做和被迫做同样是有差别的。

有两个年轻人甲和乙，他们来到了一片空地上。甲在地上画了一个圆圈，嘴里说着："我要在这里种树。"乙并没有像甲那样说他要种树，而是拿来一把铁锹开始在地上刨坑。"我要在这里种树！""我要在这里种树！"……甲继续在地上画圆圈。此时的乙正在把树苗放在树坑里。

"我要在这里种树！""我要在这里种树！""我要在这里种树！"……甲还在地上无休止地画着圆圈。这时，乙提来水浇灌着已经发芽的小树。

"我要在这里种树！""我要在这里种树！""我要在这里种树！""我要在这里种树！"……在地上画满了大大小小圆圈的甲终于累的晕倒在地上，猛一抬头却发现乙的大树已经枝繁叶茂，而此刻的乙正在树下悠闲地乘凉。甲回头看着自己画下的满地的圆圈，不禁低下了头去。

纵观古今很多的成功人士，他们都是在经过努力行动之后而有所成就的，就像乙君。但世上也不乏像甲君式的空想的人，然而最终的结果只能是失败。

人们总是想得快，做得慢；总是想得多，做得少；总是想得很好，做得很差。所以，理想总是和现实有差距，行动总是远远滞后于思想。为什么做得很慢？因为总是在想做得很好。为什么做得很少？因为没有去想做得很快。为什么做得很差？因为律己不严。

再看我们身边的一些人，有的人成了企业家，有的人成了政府要员，然而有的人则成了无所事事的流浪汉。他们是同学校友，在步入社会的初期，都在同一条起跑线上，然而今天的他们却有了如此大的差别。究其原因，并不是因为成功者聪明，也不是因为无所事事者太笨，只是在于他们有没有去认真地做一件事。

凡事都有一个想和做的过程，不管你的想法有多好，不管你的理想有多高，如果不去做，如果不为理想去干些实际性的工作，那就只能停留在原地。

想是一回事，而做又是另一回事。成功的人与失败的人的区别在于：成功的人敢想敢做，失败的人只想不做甚至不想不做。

俗话讲："是骡子是马，要遛遛看。"凡事常常是"不试不知道，一试吓一跳"。为什么呢？因为想和做之间有着一定的距离，不做便不可跨越。

香港录像带大王颜炳焕个人资产逾 6 亿港元，自认得益于"勇于尝试"。颜炳焕于 1951 年生于福建农村，1960 年随家人来到香港。

颜炳焕的祖父和父亲都是小生意人，他受家族营商气氛感染，中学未毕业已跃跃欲试要做生意。他回忆当年的情形时说："那时根本不知道生意是什么，只有一股年轻人的盲目冲动。1968 年中学毕业后，也不考虑升学，便急忙干自己朝思暮想的猪皮买卖。那时，真的是异想天开，想把猪皮、虾片等打入菲律宾市场，由于根本不了解市场需要，很快便一败涂地。"痛定思痛，颜炳焕想着还是先见见世面为妙，于是应聘去做电子计算机推销员，这段生涯给了他极大启发："那时，推销员没有底薪，实行的是佣金制度。我每天拿着几台计算机样本，坐电梯到商业大厦的顶楼，然后逐层而下，逐户拍门推销。永远不能预知那天有没有生意，只知不拍门便没有生意，而拍门则要不怕碰钉子，这令我养成勇于尝试及不怕失败的心理。"干了几年后，他返回父亲的贸易公司打工，负责订购汽车零件，因为常要往外国跑，使他眼界大开。他发现东南亚录音带十分流行，而香港则是全世界廉价录音带的最大产地。他立即转做录音带贸易，一下接了新加坡10万盒录音带的订单。不料，却因品质不合规格而被全部退货，颜炳焕受到深刻教训。1977年，他自己设厂生产录音带，向美国和马来西亚出口，但干了几年发觉生产廉价录音带难以大发，遂于1981年迁厂福建，交给亲戚打理，自己则跑欧美国家熟悉录音带市场。1982年，他说服家族筹借300万港元，给他设厂生产录音带，并得到日本VHS录像带的特许生产权，因顺应了消费者追求高质产品的形势，一举打开销路，生意飞速发展，1985年营业额为2100万港元，1986年达4600万港元。

随后，他又赴英国北部、马来西亚设厂，据他说："英国及马来西亚政府均鼓励外资的投资，除提供厂房及税务优惠外，当地银行也乐意支持，是难得的拓展机会，而且产品标明在英国制造，更易打入欧洲市场。马来西亚的产品则可享有美国普及特惠关税优待。"1989年，其公司成为上市公司；1990年投资5亿港元收购讯科国际，业务拓至电视机生产；同年，他荣获1990年"香港青年工业家奖"。

生活中，我们不能因为想和做的差距而不去实现理想。事实上，事情一次做不好，尽可来两次、三次乃至百次、千次，所谓"失败乃成功之母"，结果总会渐渐接近理想境界的。人类之前有许多不可思议的梦想、幻想，许多年后的今天不也变成现实了吗？人类在数千年以前想像鸟一样自由地飞翔，也有很多人亲身尝试过，为此付出生命的也不在少数，如今这一梦想不是早就实现了吗？当初，人类想象着火星的神奇，编写了许多与火星相关的幻想故事，如今不会有人怀疑，人类在不久的将来可能会登上火星。所以，想到了，就要努力去做到。

第九章　学无止境：
克服学习中的拖延

学校的拖延者很容易放弃那些自己不擅长又枯燥无聊的学习科目，导致偏科。走上工作岗位的人，更会有这种体会，工作中需要用到的技能，也许正是自己的短板，但是也不得不硬着头皮学。因为学习的畏难情绪，很容易就会造成学习拖延。但是，为了对自己的生活和人生负责，还是要想办法克服，做到不害怕，也不逃避。

在学习方面，你拖延了吗

一个正在求学的人，必须按时完成学习中的任务。如果你的成绩总是不理想，就需要检查自己有没有在学习中拖延。

下面的情况在你身上发生过吗？

课堂拖延：上课的时候，你是专心听讲、认真做笔记，还是大部分时间在玩手机、聊天、看课外书，把应该上课做的事情拖到下课去做，或者干脆放弃不做？

作业拖延：老师留的作业，你是按部就班地认真完成，还是一拖再拖，最后仓促拼凑或者抄袭同学的？

选课拖延：在课程的选择上，你是从容果断地做出决定，还是拖到最后随便选的？

考试拖延：在考试前，你的复习是提早准备、认真进行的，还是玩到考试前最后一晚熬夜准备的？

实习拖延：在实习期，面对困难和失败，你是积极努力了，还是选择了听之任之？

论文拖延：你的论文是按照老师要求的步骤一步步完成的，还是拖到最后一天匆匆完成的？

当你回答完这些问题，你已经对自己的拖延程度有了一个判断。无论哪个环节有拖延问题，都会对学习成绩带来影响。我们非常有必要针对每个学习环节做个检查，对自己的拖延做一个判断。

第一，上课不听讲，造成课堂拖延。坐在教室里的学生可并不一定都是在学习。我们从小就知道很多上课开小差的方法，打瞌睡、玩游戏、看小说、吃零食……真是数不胜数。一堂课上完，两个同样听课的学生，认真听课的要比开小差的收获大很多，这就是产生成绩差异的第一个原因。因此，请你回忆自己上课时的情景，哪些课没有认真听？哪些课认真听了？自己没有认真听课的时候都在做什么？最常用的逃避听课的方式是什么？课堂上该做的笔记，是不是拖到下课才借同学的来抄，或者干脆过段时间就忘记做了？

第二，课下不写作业，造成作业拖延。中小学时期的作业非常繁重，因此拖延者一进入大学，立刻像是进了天堂，因为大学的作业不多，而且课余的时间又比较长。也正是因为这样，终于逃脱了作业负担的拖延者非常容易放纵自己，把做作业的事情一拖再拖。你需要问问自己，有几次作业被拖延了？你为什么会拖延？是不会做还是不想做？

第三，不知道选修课上什么好，随便选一个凑数。如果这就是你，那你就是毫无疑问的决策型拖延者了。上选修课可以修学分，有些同学并不关心选修都学些什么课程，也不关心自己是否感兴趣，完全对自己的学业抱着漠不关心、蒙混过关的态度，结果造成了选择的拖延。可能到了学期末才发现，原来还有更适合自己的选修课，但已经晚了。问问自己，为什么不对自己的学习内容的选择负责任？为什么不为了自己的学业，好好了解自己的喜好或者专长？

第四，在考试前，不能进入复习的状态，拖到最后，临场发挥。

在学习生涯中，考试是必需的环节。有时候，是因为不想复习，有时候是有复习的想法而没有行动。考试前做好了各个科目的学习计划，结果只实现了其中一小部分。考试前，你在忙什么？为什么不能投入到复习的状态？为什么不想复习？什么事情让你耽搁了？

第五，因受到挫折，实习期被拖没了。很多大学都设有实习期，这个时期是为了让学生适应社会生活，顺利走进工作环境。然而，投简历、找一个实习单位、面试等等，都会给从来没有跟社会接触过的学生造成困扰。更何况社会关系远远比校园里复杂得多，更需要适应。一些同学不能很顺利地走过实习期，可能赖在宿舍里看了几个月的小说，把时间打发了。你为什么不能走出宿舍？为什么要让自己成为一个拖延者？你是怎样说服自己拖延的？

第六，不能主动而认真地写论文，拖到最后应付了事。论文在毕业成绩中占有非常重要的比重，而且难度非常大，很多同学到写论文的时候就不自觉地开始拖延。从确定题目、列提纲，到查阅资料、撰写论文，每个步骤都要拖延到最后一刻。因为很快就要面临着就业等问题，很多人就把论文排在了待处理事务的末尾，导致论文成绩不理想。想一想，自己的学业终于快完成了，可以通过写论文对自己所学的知识做一次系统的梳理，为什么不认真对待呢？是因为能力不够，还是态度不端？

从上面几点来看看自己的拖延程度和诱因，你在哪方面的拖延行为比较严重？你拖延的深层次的原因是什么？你需要把这些梳理清楚，以便于有针对性地克服。

制订切实可行的学习计划，克服自学拖延

走上工作岗位以后，学习的压力依然很大。没有了学校作息时间的约束，又要兼顾工作和生活，想要继续学习，难度非常大。很多人想考一个职称，可是年年考，却年年考不过，多半由于在学习上拖延了。每年的成人类职称考试，都会有相当一部分人缺考，其中大多数人是因为知道自己并没有好好看书，干脆放弃了考试。

上班族的学习没有人监督，需要非常强的自觉性。如果自己控制不好，稍不留神，注意力就被与学习无关的事情勾走了。有人为了坚持学习，给自己订下学习计划。可是计划对有些人有效，而对有些人却没有任何作用。

岑晓因为工作需要，准备考一个会计资格证。她非常认真地做了学习计划，把周六周日都定为学习时间，从早晨8点到中午12点、下午2点到晚上6点都排满了学习任务。终于周六到了，她早晨本该7点起床，才能保证自己8点钟坐在书桌前学习。可是她却一直睡到8：30。9：30才开始坐在书桌前，刚看了一页书，就觉得应该打开电脑查查资料。电脑一打开，她就不由自主地开始玩平时玩的游戏。一个周末过去了，她的学习计划中80%的内容没有完成。学习计划就这么被拖延了。

岑晓是典型的不能按时完成计划表的拖延者之一。计划对她并

没有起到应有的作用。在她做计划的时候，并没有考虑到自身的因素。周末本来是放松的时间，突然全部被安排成学习，自己能接受得了吗？自己的注意力真的能从 8 点坚持到中午 12 点吗？自己真的能在 7 点钟准时起床吗？因为忽略了这些问题，她的计划成了一张废纸，完全没有意义。

要想让计划有效，就必须列出一张具有实际意义的计划表。

1. 时间安排要科学

每个人都有一个最佳的学习时间，有人清晨记忆力好，但是早饭后会打瞌睡；有人起得太早，就容易犯糊涂，不能集中精力；有人注意力只能集中半个小时；有人专注力非常高，可以整天都看书。每个人的情况不同，符合自己的实际情况就是科学的安排。比如，岑晓在早上 7 点起不来，可以把学习时间定在 9 点开始，而不是 8 点。那些注意力不能集中太久的人，不适合给自己安排一整天的学习计划，应该计划出休息的时间。

2. 计划学习的内容不能超过负荷

如果自己一个小时只能看 10 页内容，就不要把计划定在 20 页。当我们开始准备做计划的时候，最好对自己所学的东西有一个了解，以免犯了想"一口吃个胖子"的错误。

3. 充分利用零碎的时间段

学习是个循序渐进、不能一步到达终点的活动。上述事例中的岑晓还犯了一个错误，她不该只把学习定在周六周日。虽然这两天的休息能让我们拥有更完整的学习时间，但是周一到周五却没干任何与学习相关的事情。即使有效利用了这两天，也会因为两个周末之间相隔太久，而淡忘了学过的知识。看看自己周一到周五还有哪些时间可以抽出来看书，如果能抽出两天，每天学习两个小时，比单纯地利用周末要好得多。很多上班族喜欢地铁上看看书，这样就充分利用了上下班乘车的一两个小时，非常好。

4. 时间和学习内容必须对应起来

单纯地计划每天几点到几点看书，几点到几点做题，对我们的约束作用并不明显。而单纯地制订计划，而没有时间，会让人丢弃时间观念，导致学习拖延。因此，你可以说，"我今天必须把这三页看完"或者说"我睡觉前，再看三页"，但绝不可以说"我会把这三页看了"或者"我睡觉前看书"。这样只有时间或只有内容的计划不够明确，会让我们不知不觉地拖延，不是今天没看，就是只看了一页。

5. 只要有进步，就要为自己高兴

学习上的拖延者一旦计划失效，就会感到焦虑，甚至想放弃。其实不一定完成学习计划才算值得高兴，只要比昨天强，就该感到高兴。如果计划看 10 页书，结果只看了 2 页，完全不必因为少看了 8 页而懊恼，2 页也比没看强，跟昨天 1 页都没看比起来不是强多了吗？这就是进步。我们应该为看了 2 页而高兴，而不是为了没有完到 10 页感到焦虑。如果下次还是没看到 10 页，就算看了 3 页也是进步。

作为一个上班族，要想利用工作之余充实自己，不做学习上的拖延者，就需要一份切合实际的计划，这样才能约束自己，完成自己的学习目标。

借助外力，攻克自己不擅长的科目

我们学习的内容，并不是完全可以根据自己的喜好进行选择的。学习不是兴趣小组，喜欢就参加不喜欢就不参加，难免会遇到自己不擅长也没兴趣的事。

学样的拖延者很容易放弃那些自己不擅长又枯燥无聊的学习科目，导致偏科。走上工作岗位的人，更会有这种体会，工作中需要用到的技能，也许正是自己的短板。因为畏难情绪，很容易就会造成学习拖延。但是，为了对自己的生活和人生负责，还是要想办法克服，做到不害怕，也不逃避。

在众多的方法中，对自己感到难学的技能最有帮助的就是借助于外力。

1. 上补习班

现在的培训机构非常发达，任何大中小城市中都分散着各类补习班。雅思班、公务员班、司法考试班、设计班等等。与其自己花费大量的时间，收获不大，不如去报个补习班，虽然会破费一些，但是会帮你节约时间并提高技能。在这方面，中国的家长们最舍得投入，在北京，几乎每个孩子都要上一些课外辅导班。

李蕾想去外企做行政工作，不过那里对英语的要求比较高。李蕾本来英语水平就不高，又好多年没用过了，学起来难度非常大。她本来想自学英语，还给自己制订了学习计划，可是在家学习的时候，总是看几个单词就学不下去了，最短期的学习计划也一直拖着完不成。于是她一狠心，报了一个英语辅导班，每周六周日上课，平时自己练习口语。辅导班最大的好处，就是可以迫使她进入学习状态，尽快完成学习计划。终于在一年后，她进入了一家外资投资公司，当了一名行政人员。

虽然补习班并不能保证让你学有所成，但是它胜过孤军奋战。补习班能提供一个合适的环境。在一个特定的学习环境中，有老师的指导和约束，有同学共同学习的气氛，这些都会促使人集中精力学习，能更好地克服自学时的拖延。

2. 请家教

如果有条件的话，可以为自己请家教。这个方法特别适合于外语学习。一对一的辅导能更有效地利用时间。虽然没有了补习班的学习环境，但是家教的监督更加严格，在强制性上更有效果。

3. 向别人请教

如果没有条件请家教或者上补习班，就要懂得请教。任何学习都能找到志同道合者，他们就是你最好的请教对象。很多准备考试的人，会在网络上找到跟自己参加同样考试的小组，一些论坛或者QQ群，里面的人可能会分享一些学习方法和学习资料，可以和他们多进行交流。有时候，跟别人的交流也是对自己的一种监督，当你看到别人努力学习总是有进步的时候，自己心里就会产生紧迫感，这样一来，也能有效克制自己在学习上的拖延问题。

正确对待难题，避免半途而废

很多拖延者在刚开始学习的时候热情高涨，而遇到困难就作罢。学习本身已经够枯燥和无聊的了，遇到难题更容易让人想到放弃。毕竟经过那么长时间的努力后，连一道题都解决不了，信心会受到冲击。

学习中的难题是不可避免的，一个不理解的英文句子、不懂的语法、不懂的公式、不会做的函数，都有可能阻碍我们。千万不能让这些难题成为我们放弃学习的原因。

要保持学习的状态，必须学会面对难题，避免知难而退，中途放弃。

学习中遇到自己不会的难题，会让人不得不停下来思考，如果解决不了，就没法逾越障碍，让人气馁。因此，遇到难题时，一定要将自己的心态调整好，不要被不良情绪控制，这样才能有精力对付难题。

放平心态以后，就可以寻找解决的办法了。这里有几点建议，可供参考：

1. 不会做题

是自己之前的学习不够扎实呢？还是概念或者公式不够理解呢？实践是检查自己学习成果的方法之一，遇到解决不了的题，首先要回顾之前学习过的内容。如果发现不扎实的地方，就要复习。回头再看难题，有时候难题就迎刃而解了。

2. 对自己不能理解的地方，可以借助工具书

如果是自学，工具书是少不了的。很多人觉得翻找工具书太麻烦而不喜欢利用工具书，但是工具书比网络上的知识要可靠。学习外语的同学，对此肯定理解更为深刻，遇到一个不认识的单词，整个句子都无法理解，只要翻翻外语词典，问题就解决了。

3. 自己解决不了，可以求助于别人

需要强调一下，求助并不可耻，每个人都有可能是我们的老师。身边的朋友、同事、以前的同学等，都可能对我们有帮助，打个电话，也许问题就解决了。

4. 周围没有人能帮助自己，还可以求助于网络

网络是个很好的交流平台，网络上有海量的信息，而且很多人会在网站论坛上帮人解答问题。我们可以利用网络的便利条件，帮助我们解答难题。但是千万注意不要走上极端，见到难题就上网找答案。信息发达的时代，给我们带来了很多便利，也让我们变得懒惰，因此要掌握好分寸。

对于无论如何也不能立刻解决的问题，可以考虑暂时搁置。我们的目的是学习，如果因为一个暂时不能解决的问题就延迟甚至放弃学习计划，就因小失大了。如果你是一个完美主义者，可能对这样的处理方式不能认同，这就需要克服完美主义的心理，承认自己暂时不能解决这个问题，等深入学习之后再回过头来寻找解题方法，或者找机会请教他人。

要想学习，必须持之以恒，不能因为遇到问题就放弃，正确地对待学习中的难题，有助于保持学习的热情，避免产生拖延。

克服考试、面试拖延

不管是学生还是上班族，都免不了要面对考试，大到高考、面试，小到章节检测、业务考核。拖延者在面对考试的问题上，不是拖着不复习，匆匆裸考，就是干脆能躲就躲，不参加考试；还有一种拖延表现在考场上，就是不能认真答题，应付了事，我们干脆叫它考场拖延好了。

考试不会突然自行消失，我们能做的是认清自己在哪方面拖延，并找出克服或者应对的方法。对此，我们需要问自己几个问题，好确定自己的问题出在了哪里。

考试前复习了吗？距离考试多久开始复习的？

考试迟到过吗？是因为不想考试，根本没有重视考试时间吗？

你在考场上，是认真作答的吗？有多少题目没有认真对待？

你在面试前，做好了充分的准备吗？

下面，我们总结出了各种考核中出现的拖延情况：

1. 明明知道要考试了，就是不肯看书

那些考试前拖着不复习的人，大致有两类。一类是对考试不重视，他们觉得考试没什么大不了，考不过又能怎么样。其实从根本上来讲，他们并不是不重视考试，而只是为自己拖延复习找借口罢了。如果真的不重视的话，干脆不考就好了。还有一类是对考试过于重视，考试给了这类人很大的压力，导致他们过分焦虑，无法集中精力学习，复习也因此而拖延。

2. 临考试才发现什么都不会，干脆不考了

一些人没有参加考试，他们会说，"起晚了""堵车了""我在出差"等等，这不过是借口，这些人中大多数并没有为考试做充分准备。他们会说"我根本考不过，还是不考了""我完全没有复习，还是下次吧"，在这些更为直接的话里，能反映出事情的真相：不考试是因为没有复习，没复习是因为拖延症犯了。

3. 考场上因焦虑拖延

在考场上的几个小时里发生拖延，是非常难受的事。可能仅仅因为一开始的题目就没有发挥好，乱了阵脚；可能是遇到了一道怎么也想不起来的熟悉的题目，引起了焦虑；可能是对作文的题目没有把握；还可能是考试前发生的一点小意外……在考试中，我们没法集中精力做考试题，而是心脏怦怦地乱跳，心想"完了，完了，这次考砸了"。这种情况下，心情焦虑又无计可施，只能看着时间一点点溜走。

针对考场拖延，主要应该做好心理调适，让自己冷静下来。你需要戴一块手表，如果时间来得及，最好让自己的大脑放空片刻，闭上眼睛片刻，10秒或者20秒都可以，将前面影响情绪的事情暂时搁置一旁，整理好心情，继续答题。焦虑下去，只会影响发挥，而不会起任何好作用。

4. 面试前拖延

有的上班族跳槽的频率非常高，几乎每年春季都是跳槽的高峰。如果打算换工作，就要提前准备。毫无准备的面试，并不会带来好结果。一些拖延者，以为只要自己想换工作就会得到好机会，对面试环节不重视、不准备。还有一些拖延者，明明知道自

己不准备的话就很难通过面试，可还是拖着不做那些该做的事情。面试拖延带来的不是面试成功，而是失败和受挫。很多大公司的面试环节分为笔试和面试两部分，一些重要职位还需要再面试等等。如果没有准备，笔试和面试都会吃亏，可能连自己能力的一半也发挥不出来。

如果打算跳槽，就需要对自己的职业方面的知识做一次补充，面试的礼仪也要重新熟悉，无论是大公司还是小公司，都不会喜欢一个看上去没有分寸的人。针对自己求职的岗位，最好准备一些技巧方面的东西。自我介绍、对行业的认知等等，都要做一次系统的总结。这样说起话来，会更有条理，千万不要以为临场发挥能显示出自己的优秀，任何有能力的人，都离不开准备的过程。

考试和面试同等重要，那些看上去毫不费力的人，往往在背后经过了加倍的努力，不要迷信临场发挥。别拖着不去准备了，打有准备的仗，才更有把握。

帮助学业拖延者克服 "写作障碍"

让人烦恼不止的拖延习惯，一直在打扰我们的生活，面对那么多的拖延成因和拖延类型，很难一下就击中要害，将其制伏，如果找出拖延项，避免在大事上拖延，反而简单得多。在学习拖延方面，有一项很重要，那就是写作论文拖延。

在论文方面拖延的人非常之多，不仅是学生，有些教授也会在论文上拖延。有一些观点非常流行，"人人都可以写作""每个人都能成为作家"等等，大概就是说人人都具备写作的能力，而且有可能写好。可事实并不是人人都能写作，人人都能坚持，即使那些大作家也有写作拖延的问题。

一些在论文上拖延的学生，会对自己的导师或教授撒谎。各种幼稚的谎言都想蒙混过关，"打印机坏了，我需要延期""正在生病，过几天交"。他们这样说的时候，丝毫也不会有愧疚感，如果得到了延期许可，他们还会暗自窃喜。可越是延期，就越是拖延，导师或教授的宽容帮不了你，因为毕业是不能延期的，如果为了一篇论文导致不能毕业，那可糟透了。还是不要再编织谎言了，那些奇思妙想不如用在写论文上。

大多数人在论文上拖延，是因为出现了写作障碍。这种感觉在很多作家身上也出现过，他们说："我没法动笔，没法针对某个主题进行撰写。"这和论文拖延者的问题几乎没有区别。论文是一种严谨性、逻辑性很强的文体，还要运用海量的信息、缜密的思考才能完成，是一项非常有难度的工作，难怪很多人会对写论文产生心理障碍。

对写作论文出现的障碍，我们针对不同的情况，总结了一些有效的方法：

写作障碍一：对自己的选题突然失去兴趣。

我们的建议：在论文提纲中找一找，看看是不是有哪一部分能让自己提起兴趣。如果能对其中的一部分内容感兴趣，先集中精力完成它也不错。如果整个大纲中没有任何一部分能让你感觉到有趣，全都枯燥无聊，不如跟自己的论文导师申请一下，同意你用一种更为个性和具体的方式，完成你的论文。

写作障碍二：只要拿起论文，就感到心情烦躁，没法坚持。

我们的建议：把写论文分成细小的块儿，不要想论文，写论文的时候，只想着完成那些细小的任务，这样一点一点地攻克。不要因为自己写的细节不够完美而沮丧。反复告诉自己："坚持下去，就能完成。"

写作障碍三：不愿意查阅资料，只想"创造"完成。

我们的建议：查资料是写论文必经的过程，一篇论文中也少不了参考文献，不看资料就想完成，是不可取的。面对海量的资料，感觉到无从下手，可以先把资料收集起来，相关的全部收纳，然后分成几个部分，每天浏览一部分，把自己可能用到的都做好标记，或者记录。

写作障碍四：只能感觉到完成论文的压力，没有写作的动力。

我们的建议：你只要放松就可以了。一眼就看到目标的尽头，让人感觉到任重道远，不如先不要想那么多，列提纲的时候只考虑列提纲的事情，写初稿的时候只想着完成初稿，指导老师让你进行修改的时候，只管根据老师的建议修改就可以了，不要给自己太大压力。

写作障碍五：不自信，总是感觉自己写得不够好，写了删，删了写。

我们的建议：论文不是一下就能写好的，要是我们都能一下写好，为什么学校还要给我们安排论文辅导老师呢？我们写草稿的时候能达到草稿的水平，就可以了。集中精力把自己要写的东西，用清晰的语言表达出来才是关键。如果实在不自信，可以到同学或家人那里寻求一些鼓励。自己对第一遍不满意，那时因为它才是第一遍而已，论文都需要多次修改才能最终完成。

如果你在论文写作过程中遇到了障碍，应该积极地寻求解决办法，拖着不写，论文也不会自动完成。

给学业拖延者的几点建议

大多数有学业拖延症的人，不只在一个学习方面拖延，也不是只克服一个问题就可以了，而是在很多方面都需要改进。比如在时间管理方面、学习和生活的协调方面、学习习惯方面可能都存在一些问题，需要从小处着眼进行调整。

复杂的学业拖延必须"综合治理"。如果你不愿意花费很多心思考虑自己在学习方面的拖延的成因，也可以使用一些小方法使情况发生一些改变。

1. 把等待的时间用来学习

在你出门坐车、排队等候的时候，如果能拿出一些学习卡片，就可以充分利用时间。很多手机都有存储功能，用手机存些单词或者戴着耳机听听英语录音，比用手机看视频或者小说好多了。不过手机游戏软件比手机学习软件的下载频率高多了，可见大多数人还是更倾向于娱乐而非学习。不过你可以在考试前，把游戏软件都删掉，只保留学习软件。

2. 找出自己一天中记忆力最好的时间段

这个时间段因人而异，你总会找到一个固定的时间段的，充分利用它，每天坚持在这个时间段学习，千万不要中断。

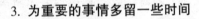

3. 为重要的事情多留一些时间

力气不能平均使，时间也是一样，花在重点科目和较难科目上的时间必然会多一些，而且还要为突发情况多留一些时间。如果在你打印论文的过程中，打印机突然卡纸，你不得不花上半个小时修理它，那么你预留的时间还够吗？如果墨盒里没有油墨了呢？所以，我们不能掉以轻心，不要把事情留在截止日期的前一晚做，多给自己一些时间，可以让事情变得更稳妥。

4. 灵活地管理自己的时间

在我们做事的时候，经常被打断，如果遇到突发情况，就要改变自己原有的时间计划。因此，我们要为自己留些空余的、可自由安排的时间，这样就可以在遇到突发情况的时候，把这些自由时间用来学习。

管理学习任务的小方法：

1. 别小看了没有做过的学习任务

如果老师安排了一个实验，而你对实验步骤很陌生，千万不要因为低估了自己犯错误的概率，而让自己的时间不够用。时间越短，纠正错误的可能性就越低，多给自己留些时间，可以减轻压力，也可以多些时间纠正错误。

2. 面对新的任务，要提前做好准备

如果下周是你跟导师见面的日子，就要把自己遇到的问题提前准备好；在你跟自己的职业规划指导老师见面前，要对自己的兴趣和强项有个系统的梳理，这样老师才能给你更具体的指导。

3. 把最难的事情放在精力最好的时候做

难的事情越早解决越好，但不能强求，趁着精力旺盛，就把它解决掉，省得让它悬在头顶压迫自己。

协调生活和学习的小方法：

1. 选择一个固定的学习环境，最好不要选家里或者宿舍

经常在一个地方学习，会让人产生一种固定的思维模式，只要到了这里，就会联想到学习，而不会想到其他事情。如果选择家里或者宿舍，那么就会联想到休息或者消磨时光。

2. 找个一起学习的伙伴

如果你周围有人一直在学习，会营造出良好的学习气氛，这会带给你好的影响，即使你有一些懈怠，也不会轻易就放弃学习。

3. 为处理生活上的事情，留出必要的时间

学习和生活要合理安排，不能急于学习，而忽略了生活，生活上安排不好，是没法安心学习的。还要给自己留些娱乐时间，适当放松可以缓解压力，如果长时间枯燥地学习，有可能引发焦虑等不良情绪。

4. 为了维护自己的学习计划，对不必要的事情说不

为了完成学习目标，不能轻易打乱计划。如果你计划好了学习，就要坚持，有人突然邀请你加入不必要的事情时，不能为了碍于情面，就勉强答应。没有原则，计划就是无效的。

学业要靠自己努力才能完成，你不努力，问题不会自己消失，

该会的还是不会。现在，几乎每个人都要在学校里度过长达十多年的学习生活，而工作以后也还有可能面对学习任务，因此学业拖延者非常有必要掌握一些约束自己学习的方法。这样，即使你不了解自己的拖延成因，也可以为自己的学业做点什么。

第十章　智慧生活：
克服生活中的拖延

　　拖延症已经成为了大部分人生活中的难题，明明心里想着要快快把事情做完，偏偏身体一动不动。简而言之，大部分人都是思想上的巨人，行动上的矮子。想要克服生活中的拖延症，方法其实有很多，只要能坚持下来，就一定可以取得成功。

制订计划打败拖延

从古至今，但凡成就大事业者绝不会在行动上拖拖拉拉。因为他们知道时间不等人，今日事必须今日毕，明天还有更重要的事情等着自己。只有坚定自己的信念，并坚定不移地行动，才能做好每一件事。

成功之人之所以能将每件任务的进展都控制在一定范围内，并非他们能力出众，才华超群，而是因为树立好目标后，要制订行动计划，并用意志力控制自己遵守计划。制订计划对于一个人走向成功至关重要，因为计划是打败拖延的一种方式。当你为一件事情制订了计划，就会感觉做事有了方向，更容易约束自己的行动。计划就像一个闹钟，当你设定好几点响的时候，它会及时给你提醒，当你长期按照计划做事，你会发现身体内形成一个准确的"生物钟"，它会对你的工作、学习或做其他事情起到积极的促进作用。

越王勾践为报亡国之仇，先向吴王进献美女和宝物，再在吴王身边服侍。他忍辱负重，卧薪尝胆，最后回到自己的国家修养生息，增强国力，等万事俱备，将吴国一举歼灭。勾践能报仇雪恨，离不开其坚持不懈的精神，但更重要的是，他在心里早已为实现目标制订了相应的计划。如果没有计划，人就会像苍蝇一样四处乱撞，即便有宝贵的精神，也不见得能成功。

有一个商人做了十几年的生意竟然失败了。一天他正在思考自己为什么会失败，一个债主就跑上门来要债。商人无奈地问："为什么我会失败呢？是我对顾客不热情，还是不够客气？"债主说："其实事情并不像你想象的那样。你的剩余资产应该也不少吧，完全可以重新再来。"商人听了他的话，有些气馁地说："从头再来怎么可以。"债主接着说："没有问题，你应该先把现在的经营状况列一张资产负债表，把它清算清楚，然后可以从头再来。"商人不解地问道："你意思是说，让我把所有的资产和负债项目仔细核算一下，列出表格吗？然后把地板、桌椅、橱柜、窗户都清洗干净，装饰一下，然后重新开张吗？"债主说："没错，你现在最需要做的就是制订计划，然后按照计划办事。"商人说："有些事情我很早就想做了，但却一直没做，或许你说得对。"

后来商人按照债主说的话去做了。他一直按计划去行动，到了晚年在生意上获得了巨大成功。

做事有计划对于一个人来说，不仅是一种控制力，更是一种态度。态度好了，成功才更有希望。如果没有计划就去做事，在做事的过程中就会东一榔头、西一棒槌，最后乱了方向，就很难做出成绩。

在追求成功的过程中，如果我们不想做事拖拖拉拉，毫无目的，就应该制订计划，有了计划才能更好控制自我。如果你想成为高级销售人员，不要再拖延，现在就应该研究产品、广积人脉、分析市场、学习更多销售课程；如果你想成为政治家，不要拖时间，立即学习演讲、学习写作、学习管理、掌握协调能力；如果你想成为某领域专家，不要拖延，立即专心读书学习、选方向、定题目、大量

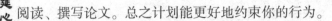

阅读、撰写论文。总之计划能更好地约束你的行为。

哈佛大学机械制造专业的高材生史蒂芬之所以能成功挤入美国一流的机械制造公司，是因为他是做事有计划的人。

美国维斯卡亚公司是著名的机械制造公司，这里工资待遇和福利水平都非常高，因此选择员工的标准也非常高。即便是美国名校毕业的高才生，也不见得都能成功进入这家公司。这个公司每年有一次对外招聘会，史蒂芬也像其他优秀人才一样出现在这里。尽管他准备充分，但还是被无情地拒绝了。斯蒂芬没有灰心丧气，因为他早就做好了打算，如果失败的话，他就请求人力经理让他留下来，只要能在这里工作，做任何事情都行，而且不收分文报酬。

史蒂芬的计划成功了一步。因为人力经理为公司利益考虑，留下了这个不收分文的小伙子。不过他负责的工作与机械制造无关，只是每天到车间打扫废弃的铁屑。史蒂芬白天在公司勤勤恳恳工作，为了生存晚上要到酒吧打工。这虽然很辛苦，但他没有忘记自己的初衷。

他在工作期间，借着到每个部门清扫的机会，仔细察看了公司各个部门的生产情况，并把它们一条一条记录下来。当他发现机械制造技术存在问题，花费了一年时间将大量数据统计了一遍，然后想办法，进行设计改造，这为他之后的成功奠定了基础。

史蒂芬终于等来了机会。有一阵，公司有很多订单因产品质量问题被退回，公司蒙受了巨大的经济损失。公司董事为挽救危机，紧急召开了董事会。会议进行了很长时间，人们也没想出解决的办法。正在这个时候，史蒂芬果断敲门进入会议室。他见到总经理后，对公司产品出现的问题做出了令人叹服的解释，工程技术上的问题提出自己的改善意见。接着，史蒂芬拿出一张纸，上边是他自己画的机械改造图。这个设计不但保留了以前机械的优点，还解决了它的弊端。总经理和董事们看到这个方案，非常满意，无不佩服这个小伙子的精明。最后，史蒂芬被聘请为负责生产技术的副总经理。

戴尔·卡耐基说："一个人不能没有生活，而生活的内容，也不能使它没有意义。做一件事，说一句话，无论事情的大小，说话的多少，你都得自己先有了计划，先问问自己做这件事、说这句话有没有意义？你能这样做，就是在为奋斗奠定坚实的基础。"史蒂芬能在事业上取得成功，就是因为他无论做什么事，或有什么想法，都有自己的计划。按照计划，做足充分的准备，在关键时刻施展了自己的能力。

一个人要想把事情做好，就要为自己设定标准，尽可能把会出现的意外考虑在内，这样才有助于计划的进行。如果你要锻炼身体，就给自己制订一个计划。例如周一、周三、周五到健身房锻炼，周二、周四、周六就在小区附近散步。当你的行为放松时，想到计划还没有实现，就能严格要求自己。这样一来，拖延自然而然就离你远去。

在生活小事上克服拖延

拖延者往往在生活的方方面面都会拖延，就连早晨起床、刷牙、洗脸、用早餐的问题上都会拖延。拖延简直成了生活中的蛀虫，把

美好的生活一点点蚕食了。

生活上的拖延会影响健康。有些早晨赖床的拖延者,把早晨起床到出门的时间压缩得不能再压缩了,他们用秒来计算这段宝贵的时间。从来不会在家里吃早餐,如果时间宽裕,他们会在路上买一份,如果连这点儿时间也挤不出来,就饿着肚子工作一上午。

如果在个人卫生方面拖延,会严重损害个人形象。一般男士大约一个月理一次发就能保证形象比较得体。如果一个需要经常抛头露面的销售员三个月没有理过头发,整天总是胡子拉碴、头发蓬乱的样子,不光领导会看着他不顺眼,估计客户也会躲得远远的。

如果在吃饭方面拖延,可能会导致身体虚弱。大学里的同学吃饭非常不规律,经常连食堂都懒得去,不得不用速食面或者其他零食充饥。长期食用这些含有多种食物添加剂、缺乏营养的食品,不但会让人肥胖,还会营养不良。

看来,一些生活小事的拖延,久而久之会带来严重的后果,我们必须从一点一滴做起,消灭生活中的拖延。我们最起码要做到在睡觉、起床、吃饭、个人卫生方面不拖延。

1. 在睡觉和起床方面不拖延

很多年轻人会有熬夜和赖床的毛病,晚上拖着不睡,早上拖着不起。造成这种情况的原因,无非是晚上有趣的事情比较多,而早上则要面对一天的工作。要解决这个问题,可以尝试把一些有趣的事情安排到早上起床后。比如有些人爱浏览购物网站,不如把这件事安排在起床洗漱之后,这样就会有足够的动力起床。而当晚上想着第二天还要早起浏览网站的时候,也会催促自己早点睡觉。

2. 吃饭问题要认真对待,不可拖延

在吃饭问题上拖延的人不是懒得想吃什么的问题,就是懒得为

吃饭行动起来。要解决这个问题，就要提高食物对人的吸引力。有些人是想不出到底要吃什么，这时候可以想想自己很久没吃的东西，或者在平时常吃的东西里，想出一些不同的搭配，这样一来，自然会提起吃饭的兴趣。有些人是懒得做饭，这时候可以尝试一些新的花样，提高做饭的兴趣。

3. 在个人卫生方面要养成好习惯，不可拖延

拿简单的洗手来说，有些人就经常喜欢拖延，他们总是说"待会儿再洗吧"，结果待会儿他们就忘了，直接用脏手去拿吃的。这样的人不在少数，要想改变这些人在卫生上的拖延，主要就是让他们明白讲卫生的重要性，不讲卫生不但对自己健康不利，还会遭到别人的嫌弃。

对拖延者来说，如果能在生活上克服一部分拖延，也会为克服其他方面的拖延树立起信心，先看看自己在哪些生活小事上拖延了，列个清单，贴在家里醒目的位置，提醒自己按时完成它们吧。

及时清理家中的杂物

很多人会有这样的经历，当屋子里出现了垃圾的时候，他们当时不想清理，便想："明天再收拾吧。"到了第二天，他们又不想收拾了，又想："等过两天攒多了一起收拾吧。"就这样，屋子里的垃圾杂物越堆越多，越多就越不想收拾，最后屋子里堆满了乱七八糟的东西。这时候再想收拾屋子，就成了一件非常困难的事。

一个整洁明朗的家更容易打扫和整理，而一个到处堆满东西的家则让人不知从哪里收拾才好。看看你的家里有这些东西吗？

饮料空瓶子、旧报纸、旧杂志、已经坏掉的电子设备、发票、收据、散乱的书、光盘、过期的化妆品、购物包装袋或箱、很久没用的健身器材、已经穿坏的鞋子、不用的数据线、电源线等等。

拖延者并不会把这些东西及时清理掉。而是让这些东西在床头、案几、沙发上堆积。拖延者的家里往往凌乱不堪，原因就是这些"破烂儿"没有处理掉。再看看那些非拖延者，他们把不用的东西收纳好。备用的、准备卖废品的各有各的地方，每次卖掉废品，都可以拿回一小笔钱，可以用来买水果或蔬菜。所以他们的家里总是干净整齐，不让那些没用的东西到处碍手碍脚。

那些不喜欢整理东西的拖延者，是不是可以这样做：把没用的东西都清理出来，处理掉。比如坏了的耳麦、过期的报纸、饮料瓶、空纸箱、包装手提袋、穿坏的旧鞋子、废纸、过期的化妆品等等。说不定，这次收集的所有废品在小区的废品收购站可以换回几十元钱，可以用来买自己喜欢的书。

如果家里有不再需要的书籍，你又舍不得扔掉，可以向偏远山区或者其他慈善机构捐赠。另外还可以在一些网站上出售等。

作为一个拖延者，不但要认识到自己的问题，还要善于找到行动的乐趣。处理废旧物品也是非常有趣的事。

余新的大学宿舍里乱极了。跟他同住的另外三个男生，都是不整理房间的"小懒鬼"。四个人在生活方面的拖延，一个比一个厉害。他们的衣服、鞋子和书籍堆得到处都是。要是想找到什么东西，犹如大海捞针。一次偶然的机会，他发现很多同学喜欢买便宜的二手教材。于是新学期一开始，饱受杂乱之苦的余新把宿舍里没用的书拿到校园书店门口摆起了地摊，还在校内网站发帖子出售他们宿舍的旧书和二手闲置物品。没出一个星期，他们宿舍那些闲置物品都被他卖出去了，狭小的宿舍一下变得宽敞多了。

　　余新在忍无可忍的情况下，把宿舍的闲置物品都出售了，不但清理了宿舍，还把这些闲置物品卖了出去。虽然这些收入不多，但对于要克服生活拖延的人来说，却在处理废品的时候获得了不小的乐趣。

　　如果你总是拖着不去处理家中的杂物，那么必须从现在起调动自己的积极性，让自己乐于为清理自己的居住环境行动起来。

按时做家务，绝不拖延

　　我们见过的最乱的住所，大概是上学期间的宿舍。舍友们的东西经常到处乱放，只有得到检查宿舍卫生的通知后，宿舍才会出现短暂的整齐，其他时间要多乱有多乱。现在的上班族很少有习惯每天做家务的，有些人也不免为了做家务的事情跟家人闹起矛盾来。爱整洁的母亲经常会教育邋遢的儿子，"衣服不要乱丢""食品垃圾要及时清理"等等。

　　在家务上拖延的人，往往觉得这件事情不那么重要，好像整理和打扫这些事情毫无意义。结果家里一乱再乱，等到不得不打扫的时候，大堆的家务已经成了一个沉重的负担，让人望而生畏。

一些拖延者在做家务的事情上说："我要么不做，只要开始了，就会都做完。"也就是说，在做家务的问题上，拖延者虽然对家务有些偏见或者讨厌家务，但是他们并不懒惰，因为"开始了，就会做完"。看来，我们需要从观念上做些改变，打破那些错误观点并形成正确的认识，才能为做家务行动起来。

错误观点一：家是私人的地方，不会有人看见，乱一点也没关系。

家里确实是私人的地方，可是难免有人来家里做客，如果有个亲戚突然到家里串个门，难道不让他进门，而是请他到走廊里说话吗？当然不能，与其在他人面前尴尬，不如把家里收拾干净、整齐，这样就算是突然有客人造访，也不用担心了。

错误观点二：家里干净就行了，乱一点没关系。

干净当然是好事，可是乱也会给我们造成麻烦。如果家里太乱，什么东西都不知道放在什么地方，很容易造成时间浪费。下雨天找不到雨伞的心情肯定不会那么愉快。我们的居所应该整洁有序，什么东西都有指定的位置，才不至于手忙脚乱。

错误观点三：家务是家庭主妇的事，不用我干。

我们国家很少有全职的家庭主妇，在城镇多数女性都有工作，在农村多数女性要兼顾农业。如果把家务事都推给女性，那么她的负担就太重了。无论你是身为丈夫还是身为儿子、女儿，都要分担一部分家务劳动。试想一下，如果你的妻子或者母亲，下班后还要买菜做饭，做那么多烦琐杂乱的家务事，该有多累啊，日复一日地辛苦劳动，会让她对这个家满是怨气，还有什么幸福可言呢？

如果你有以上几点错误认识，现在该有些改观了吧！现在我们要建立一些能够帮助我们克服家务拖延的认识。

1. 家务不是每天做，但至少要每周一次

我们的工作都是以周为循环的，周一上班，周末休息，我们的家务事也可以利用周末完成。一般的单身公寓只要每周花上两个小时，就可以把换床单、洗衣服、打扫厨房、擦地等事情处理完。而一般的三口或者四口之家，如果有家人一起分担，应该不会超过三个小时就可以做完。完成这个任务并没有想象的那么难。如果一边打扫，一边给自己放些轻松的音乐，就更能缓解家务带来的枯燥感了。如果全家动员，约定好打扫完一起去看电影或者购物，劳动起来会更愉快。

2. 做家务也是运动

很多拖延者，非常习惯于饭后犯懒，从来不运动。而如果每天晚饭后，做些家务劳动，正好相当于进行了饭后运动。家务劳动活动量不大，作为饭后的消化运动，再合适不过了。

3. 每个家庭成员都应该有自己的家务分工

根据家庭成员的情况，做些家务分工是个好方法。如果作为拖延者的你从来没有分担过家务劳动，现在应该找些力所能及的事情开始做。比如分担擦地、洗衣服等等。就算几岁的小朋友，也会分担一些整理鞋架的工作。

带着这些新的认识，投入到家务劳动中，这样你就再也不用怕突然造访的亲戚或者朋友，更不会手忙脚乱地找某样东西。一个井井有条的家，让你看起来怎么也不像是一个拖延者。

克服储蓄拖延，想办法存钱

相信不少人都有这样的想法："这月发了工资以后，留出一部分钱存起来。"而其中有相当一部分人，几个月过去了，一分钱也没有存下。只有极少数人，能够克制欲望，为了长远计划开始攒钱，即使每个月存下来的不多，但是他们能够坚持，他们相信"积少成多"。

那些存不下钱的，多数并非工资不够高，也并非钱不够花，而是消费的欲望让他们把存钱的计划一拖再拖。每当发现了自己想买的东西的时候，他们就会说服自己："这次少存点，下次多存点。"这种想法出现几次之后，这个月的工资就花光了，一分钱也没剩下。然后下个月又是重复这样的情况。他们并非没办法存下钱，只是把储蓄的计划一直拖延下去。在所谓的"月光族"人群中，这样的人占了很大一部分。

当那些少数人开始买房子、车子，或者投资的时候，这些人才开始纳闷："他们是怎么做到的呢？"储蓄拖延的人这时候才如梦初醒：工作这么久了，我都干了些什么？我该怎么办？

有人寄希望于记账单。可是记账单并不能减少购物欲望，它不能直接帮助人们养成良好的储蓄习惯。不过，这个方法虽然不能消除购物欲望，但是它能告诉我们"钱去哪里了"。对一份清楚的记账单稍作分析，就能看出大笔的开支都出在什么地方。找到钱的"出口"，我们就可以在如何堵住它上下些功夫了。

我们发现开支较大的地方主要集中在以下一些方面：

1. 大部分用来买了电子产品

这种情况在刚刚开始工作的年轻人群中非常普遍，他们可以花几千块买一部昂贵的手机或者平板电脑，其实不过是用来打游戏而已。苹果公司的电子产品在中国的年轻消费者手中赚取了丰厚的利润。想一想，你真的只能用苹果手机，而不能选择一个适合自己的价格便宜的，好让自己存上两千块钱吗？当然不是，只是你对品牌太过于执着了，要是你调整观念，买一部国产中端手机，你的账户可能就多一些存款了。

2. 一些年轻的女性上班族，大额的开支都用来买时装了

虽然"人靠衣装，马靠鞍"，但我们有必要把大部分收入都穿在身上吗？当然没必要。一个人的衣着要与身份相符，穿名牌也不代表你的身价会提高，只要在搭配上花些心思就可以了。所以，着迷于买时装的女性朋友，可以淘些好看、不贵的非品牌衣服，自己稍稍"DIY"，就可以打扮出一个个性而漂亮的自己。

3. 钱都用于吃饭、唱歌等应酬了

年轻人喜欢热闹，更喜欢交朋友，如果大家出去活动是 AA 制，可能还好一些，要是轮流请客的话，这个问题就严重到不可收拾的地步了。一个月的工资被这样"请"没了，正经事儿却没有办。正常的交际的确是要花一些钱，但是花多少钱合适，就要根据自己的收入而定，不能没有节制。

如果你开始了记账这个步骤，那么就可以很轻松地完成查找"出口"的步骤了；如果你还没有记账，那么翻翻自己近几个月买的东西，也可以得出结论。

知道自己的钱花到哪里去了之后，我们就可以针对自己的消费习惯，做出改变，开始存钱了。这是关键的一步，没有这一步，储蓄拖延就没法克服。这也是最难的一步，因为要抑制消费欲望，完全是对一个人的意志力的考验。如果你的意志力够坚决，那么你就能成功地从此开始存钱。可问题在于，拖延者往往不是意志力坚强的人，他们容易冲动。

因此，为了和薄弱的意志力斗争，拖延者可以借用外力，完成存钱的步骤。

第一，把钱交给家人管理。我们小时候都有一个存钱罐，里面放着面值不等的钞票，大额的可能是压岁钱，小额的是零用钱。我们很少能自由地支配大额的钱，因为父母会帮我们管理这部分钱，一般在你的要求合理的情况下，存钱罐里的钱才能进行大额的支配。现在我们就是要用同样的方法，克制自己的消费欲望。把钱交给家人，自己只留下日常开支，当你想买什么东西的时候，要向家人提出申请，并说出一个非常有说服力的理由。

第二，把钱存进一个不能自由支出的账户。这个账户不开通网银或者手机银行，因为不方便也可以减少开支，对喜欢网购的朋友来说，这个方法是有效的。当然，你也可以选择定期存款，这样就更彻底地打消了消费的冲动，你可能不会为了买某件衣服，而跑去银行把钱取出来，完全无视自己马上就到手的利息。

以上两种方法都是机械的，虽然有帮助，但不能从根本上解决储蓄拖延的问题。最好是一边借助外力管理自己，一边着手建立正确的消费观念。你可以根据自己的收入，把所有的消费项目分类，每一类应该占有什么样的比例，存款应该处于什么比例等等规划好。按照规划消费和储蓄，你的储蓄拖延就克服了。

按时缴费、还款

现代生活中的账单非常之多，有些账单不及时支付，后果非常严重。因此拖延者在这方面尤其要提高警惕，养成按时支付账单的好习惯。

租房子要按时交租金，贷款买房子要按时还贷，还要缴纳物业费、水电费、煤气费等等。另外，日常生活中还有有线电视费、宽带费、电话费、手机费、交通罚单等等，数不胜数。可忘记其中哪一个都会带来不同程度的损失。

程昱最近刚刚缴纳了一笔带有滞纳金的宽带欠费，说起这件事情，他就后悔不已。原来2012年，他初到北京工作，跟朋友一起合租房子，他申请了后付费宽带服务，每个月125元的服务费。后来由于工作调动，他搬走了，但是朋友继续使用以他的名义申请的宽带。他知道应该去把宽带做销户或者过户给朋友，可是他总是觉得晚一点儿没关系，就这么一直拖了下去。后来他得知朋友也走了，就想去给这个宽带账户办理缴纳欠款和销户的业务。但他还是觉得晚一点儿没关系，于是又拖了下来，没有行动。虽然有时候他也还会记起该办这件事，可就是没去。时隔6年后，他去办理手机业务，服务人员告诉他，他已经被列入了黑名单。这时候他才知道他那个没有注销的宽带账户欠款的滞纳金已经高达4000多元了。

程昱因为拖延处理宽带欠款，让小账单变成了大账单，深受拖延处理欠款之苦。如果他及时去营业厅缴纳费用和注销账户，就不会给自己带来经济损失。我们应该吸取这个案例的教训，千万不要对账单掉以轻心。如果拖延信用卡还款，不但会造成经济损失，还会造成信誉损失，影响以后办理贷款等等。

有时候我们根本记不住自己需要支付哪些账单，有时候我们没有时间处理账单，有时候我们觉得跑一趟银行或者某个营业厅太麻烦了，导致这些账单没有及时处理，可是无论出于什么原因，欠款的后果都很严重。

我们不能再拖延下去了，必须对自己办理的各项需要缴费的业务做一个专门的记录。总账一定要全面，不能遗漏。从家庭项目到个人消费项目等等，全都囊括进去。每个月固定在1日或者5日检查该账本，需要缴纳费用或者还款的项目，必须抽出一天时间去办理。我们可以把记录写在台历上或者记在手机提醒软件上，以免遗忘还款。

现在，缴费已经不是什么麻烦事儿了，手机银行和网上银行能帮我们处理一些小账单，只有必须去银行或者某营业厅办理的缴费才需要你专门跑一趟。

你的生活越奢侈，越现代，你的账单就会越多，你就不得不想办法克服这方面的拖延，千万不要抱有侥幸心理，认为拖拉一个账单不会有什么大不了的，这种想法总有一天会给你带来大麻烦。没有按时缴纳的费用，不是变成罚单，就是数额巨大的滞纳金，这些会像沉重的十字架一样，压在你的身上。

计划一次旅行，不要嫌麻烦

生活中的拖延者非常容易犯懒，任何生活琐事都被他们视为麻烦。哪怕去楼下扔一次垃圾，或者买一次早点，他们都会嫌麻烦。每到休息日就赖在家里，睡睡懒觉，看看电视，这就是他们全部的假期活动了。有时候他们也会计划一下户外活动，但是早上躺在温暖的被窝的时候，那些活动计划就又被拖延了。

如果上面说的那个人就是你，那么你就要想办法让自己动起来了。怎样才能让自己动起来？不如去做一次旅行。这样就可以克服相当一部分"嫌麻烦"的心理。

在拖延者眼里，旅行就意味着麻烦。他们只会想到准备行装、买机票、赶路、购物等等，他们完全会忽略快乐和新奇的旅行体验。如果能走出去，那就相当于在心理上战胜了这些"麻烦"，并且成功迈出了克服生活拖延的第一步。

我们的生活需要一些改变，旅行就是一种很好的体验，当你为自己的出行做了很多事情之后，在一处秀丽的风景之中，回味一下自己的付出，你会发现应付一切"麻烦"都是值得的。

首先，旅行中并不需要付出太多的体力劳动。我们要做的旅行不是徒步去西藏，只要坐上车，完成一次短途旅行就可以了。现在旅游开发的景点非常之多，无论你在祖国的边疆还是内地，找到不错的景点并不难。如果你在大城市闷得久了，去找个农家院住几天也不错。而且现在交通也很发达，你可以自己开车去，也可以选择

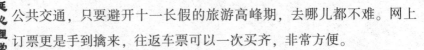

公共交通，只要避开十一长假的旅游高峰期，去哪儿都不难。网上订票更是手到擒来，往返车票可以一次买齐，非常方便。

其次，旅游虽然会使人疲惫，但还不至于影响正常工作。拖延者不肯去旅行的一个理由是疲惫的旅行影响工作。在他们看来，旅行计划会让一个原本轻松的假期变得非常紧凑，完全有可能在舟车劳顿后的第二天打不起精神去工作。其实，避免这个问题的办法非常简单。只要旅行后空出一些休息时间就可以了。比如休息日为五天，可以安排三天或者四天的旅行，四天半以内都可以。如果只是周末的休息，可以在周六出行，周日休息。要是只有一天休息，那就只能做一次郊区骑行了，下午三点之前回家休息一下，也不会影响第二天正常工作。总之，我们留出一部分休息时间，让自己能够缓解旅行疲劳就可以了。

当你完成了一件件"麻烦"的事情之后，终于踏上了旅行的列车，你会发现那些麻烦事都不算什么，随之而来的轻松感，很快就能让你忘记刚刚经历的心理斗争。那些纠结的情绪仿佛是散去的乌云，再也不会影响你的心情。

与此同时，你可以把这种体验延伸到你的生活中，所有的"麻烦"都会带来一定的收获。下楼去买一次早点，就可以不用饿肚子；到楼下扔垃圾除了能让居室变整洁，还能让自己顺便散个步，呼吸一下新鲜空气，肯定比闷在家里要舒服。

生活不只是麻烦，所有的美丽都藏在麻烦的背后，为了克服这种心理，为自己安排一次旅行吧，制订一个出游计划，然后走出家门，完成一次旅行，更是完成一次克服生活拖延的"麻烦之战"。